모두를 위한 오렌지3
빅데이터 분석

모두를 위한 오렌지3 빅데이터 분석

연안 빅데이터로 쉽게 배우는 인공지능

초판 1쇄 발행 2024년 12월 10일

지은이. 장원두, 김범규, 진예지, 최현태
　　　　홍지혁, 박정빈, 이재민, 배준혁
펴낸이. 김태영

책임편집. 김무영
편집. 신새벽

씽크스마트 책 짓는 집
경기도 고양시 덕양구 청초로66
덕은리버워크 지식산업센터 B-1403호
전화. 02-323-5609

홈페이지. www.tsbook.co.kr
블로그. blog.naver.com/ts0651
페이스북. @official.thinksmart
인스타그램. @thinksmart.official
이메일. thinksmart@kakao.com

ISBN 978-89-6529-068-1 (03560)
ⓒ 2024 장원두, 김범규, 진예지, 최현태, 홍지혁, 박정빈, 이재민, 배준혁

* **씽크스마트** 더 큰 생각으로 통하는 길
'더 큰 생각으로 통하는 길' 위에서 삶의 지혜를 모아 '인문교양, 자기계발, 자녀교육, 어린이 교양·학습, 정치사회, 취미생활' 등 다양한 분야의 도서를 출간합니다. 바람직한 교육관을 세우고 나다움의 힘을 기르며, 세상에서 소외된 부분을 바라봅니다. 첫 원고부터 책의 완성까지 늘 시대를 읽는 기획으로 책을 만들어, 넓고 깊은 생각으로 세상을 살아갈 수 있는 힘을 드리고자 합니다.

* **도서출판 큐** 더 쓸모 있는 책을 만나다
도서출판 큐는 울퉁불퉁한 현실에서 만나는 다양한 질문과 고민에 답하고자 만든 실용교양 임프린트입니다. 새로운 작가와 독자를 개척하며, 변화하는 세상 속에서 책의 쓸모를 키워갑니다. 흥겹게 춤추듯 시대의 변화에 맞는 '더 쓸모 있는 책'을 만들겠습니다.

자신만의 생각이나 이야기를 펼치고 싶은 당신. 책으로 사람들에게 전하고 싶은 아이디어나 원고를 메일(thinksmart@kakao.com)로 보내주세요. 씽크스마트는 당신의 소중한 원고를 기다리고 있습니다.

본 도서는 과학기술정보통신부 및 한국지능정보사회진흥원(NIA)의 지원을 받아 「2024년도 연안 빅데이터 플랫폼 및 센터 구축 사업(3차년도)」을 통해 수행된 결과입니다.

모두를 위한 오렌지3
빅데이터 분석

연안 빅데이터로 쉽게 배우는 인공지능

장원두, 김범규, 진예지, 최현태
홍지혁, 박정빈, 이재민, 배준혁

저자소개

장원두(대표저자)
국립부경대학교 컴퓨터·인공지능공학부 부교수. 패턴인식 모델 개발에 관심을 가지고 연구를 수행하고 있으며, 이미지, 생체전기신호, 해상 레이더, 수중음향 등 다양한 데이터를 다루고 있음.

김범규
국립부경대학교 인공지능융합학과 박사수료. 딥러닝 기반의 다양한 해양 데이터 분석에 관심을 가지고 연구를 수행하고 있음

진예지
국립부경대학교 인공지능융합학과 박사과정. 딥러닝 기반 생체전기신호 패턴 인식 및 VR을 활용하는 HCI에 관심을 가지고 연구를 수행하고 있음

최현태
국립부경대학교 인공지능융합학과 석사과정. 딥러닝 기반 데이터 생성 및 시계열 분석에 관심을 가지고 연구를 수행하고 있음.

홍지혁
국립부경대학교 컴퓨터·인공지능공학부. 딥러닝 기반 이미지 인식 및 영상 처리 기법에 관심을 가지고 연구를 수행하고 있음.

박정빈
국립부경대학교 컴퓨터·인공지능공학부. 딥러닝 기반의 객체 인식 및 이미지 화질 개선에 관심을 가지고 연구를 수행하고 있음

이재민
국립부경대학교 컴퓨터·인공지능공학부. 딥러닝 기반 Vision 기법으로 이상치 검출 기법에 대해 연구를 수행하고 있음.

배준혁
국립부경대학교 컴퓨터·인공지능공학부. 딥러닝 기반의 이미지 인식 및 영상 처리 기술을 활용하는 중요 장면 인식에 관심을 가지고 연구를 수행하고 있음.

국립부경대학교 패턴인식 및 머신러닝 연구실. 지도교수 장원두 http://pkai.pknu.ac.kr

머리말

이 책은 코딩이나 전공 지식 없어도 누구나 빅데이터 분석을 쉽게 시작할 수 있도록 설계되었습니다. 인공지능과 빅데이터 분석이 점점 더 중요해지는 시대에, 고도의 코딩 작업 없이도 실질적인 데이터를 다루는 방법을 배울 수 있다는 것은 매우 큰 이점입니다.

오렌지3(Orange3)는 복잡한 코딩 없이 시각적으로 데이터를 분석할 수 있는 도구로, 이 책에서는 '오렌지'에 내장된 여러 모델을 사용하는 다양한 데이터의 분석 방법과 결과를 보여줍니다. 특별히, 이 책에서 활용하고 있는 '연안 빅데이터 포털'은 우리나라 연안에 관련된 여러 데이터를 한데 모아 놓은 웹사이트로, 데이터 분석 경험이 없는 독자분들도 직접 실습하면서 실세계 문제에 대한 데이터를 분석하고 해석하는 과정을 통해, 인공지능의 기본 개념을 체득할 수 있도록 책을 구성했습니다.

전공 지식 없이도 데이터 기반의 통찰을 얻고, 실질적인 문제 해결에 다가갈 수 있다는 점에서, 이 책은 모든 독자들에게 열려 있습니다. 초보자도 쉽게 따라 할 수 있는 단계별 설명을 통해, 복잡한 현장 데이터를 통해 문제를 분석하고 해결하는 방법을 직접 체험해 보시기 바라며, 이 책이 인공지능과 빅데이터 분석의 문턱을 낮추는 데 기여하길 바랍니다.

2024년 11월 장원두

CONTENTS

Chapter 1

데이터

분석과

오렌지

1.1 데이터 분석의 중요성

　우리가 살고 있는 세상은 이미 데이터 기반 사회가 되었다. 핸드폰 앱에서 화면을 터치하는 속도, 조금 더 많은 시간을 들여 보는 사진과 기사의 종류는 서비스 기업에 전달되어 마케팅 및 기업의 전략 수립에 사용된다. 의료 분야에서는 환자의 데이터를 분석하여 맞춤형 치료법을 제공하며, 정부는 교통, 환경, 경제 등의 데이터를 분석하여 더 나은 정책을 수립하는 데 활용할 수 있다.

　빅데이터와 데이터 과학의 등장은 데이터 분석의 중요성을 더욱 부각시켰다. 빅데이터는 대량의 데이터를 의미하며, 이 데이터는 크기, 속도, 다양성의 측면에서 전통적인 데이터 처리 방식으로는 다루기 어렵다. 데이터 과학은 이러한 빅데이터를 분석하고, 유

[그림 1-1] 데이터 분석 (ChatGPT로 생성한 이미지)

의미한 정보를 추출하며, 이를 기반으로 의사결정을 내리는 학문이다. 데이터 과학자들은 통계학, 컴퓨터 과학, 수학 등의 지식을 바탕으로 데이터를 분석하고, 예측 모델을 구축하며, 시각화 도구를 사용하여 데이터를 이해하기 쉽게 표현한다.

1.2 데이터 분석의 기본 개념

　데이터 분석은 주어진 데이터로부터 드러나는 특징과 패턴을 분석하고, 이를 일반적으로 설명할 수 있는 모델을 도출하며, 도출된 모델을 사용하여 새로운 데이터 혹은 미래를 예측하는 과정이다. 이 과정은 단순히 데이터를 수집하고 정리하는 것에 그치지 않고, 데이터 내에 숨어 있는 복잡한 관계와 규칙을 발견하는 데 초점을 맞춘다. 데이터 분석의 핵심은 데이터를 통해 의미 있는 정보를 발견하고, 이를 기반으로 한 의사결정을 지원하는 것이다. 이를 위해 데이터 분석은 통계학, 머신러닝, 데이터 마이닝 등의 다양한 기법을 활용하며, 각 기법은 특정 유형의 데이터나 분석 목적에 맞게 사용된다.

　데이터 분석은 단순한 패턴 인식에서부터 복잡한 예측 모델 구축에 이르기까지 다양한 수준에서 이루어질 수 있다. 예를 들어, 과거의 판매 데이터를 분석하여 어떤 제품이 가장 많이 팔렸는지 알아내는 것도 데이터 분석의 일환이며, 이를 바탕으로 미래의 판매량을 예측하는 것도 데이터 분석의 중요한 부분이다. 궁극적으로, 데이터 분석은 복잡한 데이터에서 유의미한 인사이트를 도출하고, 이를 통해 실질적인 문제를 해결하거나 미래를 예측하는 데 목표가 있다. 이를 통해 기업은 더 나은 비즈니스 결정을 내릴 수 있고, 연구자들은 새로운 과학적 발견을 할 수 있으며, 정책 입안자들은 보다 효과적인 정책을 설계할 수 있다.

　　데이터 분석은 그 자체로도 중요하지만, 다른 기술들과 결합할 때 그 진가를 발휘한다. 예를 들어, 빅데이터 기술과 결합하면 대규모 데이터 세트에서 패턴을 추출할 수 있으며, 인공지능과 결합하면 더욱 정교한 예측 모델을 만들 수 있다. 이러한 융합은 데이터 분석의 응용 범위를 크게 확장시키며, 다양한 분야에서 혁신을 이끌어내는 원동력이 된다. 즉, 데이터 분석은 현대 사회에서 점점 더 중요해지고 있으며, 그 역할과 영향력은 앞으로도 계속해서 확대될 것으로 예상된다.

1.3 데이터 분석 도구와 오렌지

　　방대한 데이터를 효율적으로 처리하기 위해서는 전문적인 데이터 분석 도구가 필요하다. 프로그래밍 언어를 사용할 수 있지만, 데이터 분석 도구를 통해 프로그래밍에 익숙하지 않은 사람도 데이터를 쉽게 분석하고 그 결과를 활용할 수 있다. 이러한 도구들은 데

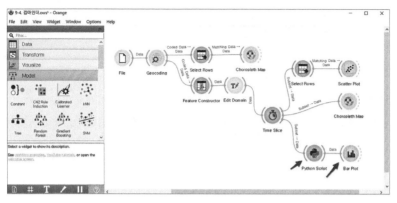

[그림 1-2] 오렌지 소프트웨어

이터 처리 과정을 자동화하고, 시각화 기능을 통해 데이터를 쉽게 이해할 수 있게 도와준다.

오렌지는 비주얼 프로그래밍 방식으로 데이터 분석을 쉽게 할 수 있는 오픈 소스 소프트웨어로, 데이터 분석 과정을 단순화하고, 비전문가도 쉽게 사용할 수 있도록 설계되었다. 사용자 친화적인 인터페이스로 구성된 다양한 머신러닝 알고리즘과 데이터 시각화 도구들은 데이터 분석의 문턱을 낮추고, 더 많은 사람들이 데이터를 활용할 수 있도록 돕는다.

또한, 오렌지는 다른 비쥬얼 프로그래밍 도구에 비해 자유도가 매우 높다는 장점이 있다. 다른 비주얼 프로그래밍 혹은 노코딩 방식의 도구들이 상당수 단순하고 정형적인 형태의 데이터 분석만 제공하는 것에 비해, 오렌지에는 파이썬의 scikit-learn 라이브러리의 함수가 위젯으로 구성되어 있어 다양한 형태의 데이터 분석 방법을 구현하는 것이 가능하다.

1.4 오렌지의 주요 기능

오렌지는 다양한 데이터 시각화 도구를 제공하여 데이터를 직관적으로 이해할 수 있게 돕는다. 사용자는 히스토그램, 박스 플롯, 산점도 등 여러 그래프를 통해 데이터의 분포와 패턴을 쉽게 파악할 수 있으며, 이러한 시각화 기능은 분석 결과를 명확히 전달하는 데 유용하다.

기계 학습 측면에서는 다양한 알고리즘을 내장하고 있어 복잡한 모델을 손쉽게 구축할 수 있다. 지도 학습과 비지도 학습을 모두 지원하며, 회귀분석, 분류, 군집화 등의 작업을 수행할 수 있다. 이를 통해 사용자는 예측 모델을 효율적으로 구축하고, 실질적인 문제 해결에 활용할 수 있다.

강력한 자연어 처리 기능은 텍스트 데이터를 쉽게 다룰 수 있게 한다. 텍스트 전처리, 단어 빈도 분석, 감성 분석 등을 마우스 조작만을 사용하여 수행할 수 있으며, 웹 크롤링으로 수집한 댓글이나

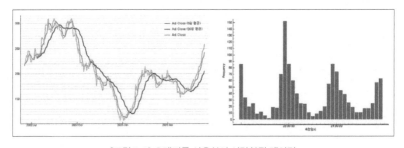

[그림 1-3] 오렌지를 사용하여 시각화된 데이터

리뷰 데이터를 분석하고 유용한 인사이트를 도출할 수 있다.

오렌지는 시계열 데이터 분석 기능도 갖추고 있어 시간의 흐름에 따라 변화하는 데이터를 효과적으로 분석할 수 있다. 주가 데이터나 기후 데이터를 분석하여 미래의 변화를 예측할 수 있으며, 이를 통해 보다 정확한 의사결정을 지원할 수 있다.

1.5 오렌지의 장단점

오렌지는 직관적인 사용자 인터페이스를 제공하며, 프로그래밍 지식이 없어도 사용할 수 있다는 장점이 있다. 또한 다양한 내장 알고리즘과 시각화 도구를 통해 간편하게 데이터 분석을 수행할 수 있다. 무료로 사용할 수 있는 오픈 소스 소프트웨어라는 것도 큰 장점으로, 사용자 커뮤니티와 함께 지속적으로 발전하고 있다.

반면, 오렌지의 위젯들이 파이썬 기계학습 라이브러리의 모든 파라미터를 GUI 옵션으로 제공하고 있는 것은 아니기 때문에, 최신 알고리즘을 필요로 하는 복잡한 데이터 분석방법을 그대로 구현하는 것은 어렵다. 또한, 파이썬 코드에 비해 실행

[그림 1-4] 오렌지 SW

속도가 상대적으로 느려, 대규모 데이터 처리에는 제약이 있을 수 있다.

몇 가지 제약에도 불구하고, 오렌지는 실제 데이터 분석에 있어 매우 유용한 도구다. 특히, 데이터를 샘플링하여 사전 연구 목적으로 활용할 수 있어 분석 과정에서 필요한 패턴과 인사이트를 미리 파악하는 데 도움이 된다. 이를 통해 본격적인 분석에 앞서 모델을 테스트하고 조정할 수 있으며, 데이터 분석의 효율성을 높이고 보다 정확한 결과를 도출할 수 있다. 오렌지의 직관적인 인터페이스와 다양한 시각화 도구는 데이터 탐색과 예비 분석을 쉽게 만들어 준다.

1.6 오렌지와 연안 빅데이터

연안(Coast)는 육지와 인접한 해안, 그리고 해안과 인접한 육지 지역을 아우르는 지역으로 우리 생활에 밀접하게 연관되어 있는 지역이다. 연안 지역에서는 환경, 생태계, 기후, 수질 등을 포함하는 다양한 정보가 수집되고 있으며, 이러한 데이터는 해양 생물의 서식지 변화, 해수면 상승, 해양 오염 등 중요한 환경 문제를 분석하고 예측하는 데 활용될 수 있다.

데이터 분석 기법을 통해 연안 데이터에서 유의미한 패턴과 트렌드를 도출할 수 있다면, 연안 지역의 수질 데이터를 분석하여 오

[그림 1-5] 연안 빅데이터 (ChatGPT로 생성)

염원을 파악하거나, 기후 변동에 따른 해수면 상승을 예측하는 등, 해양 생태계의 변화를 모니터링하고, 지속 가능한 연안 관리와 보전 전략 수립에 중요한 역할을 할 수 있을 것으로 기대된다.

　　연안 빅데이터 플랫폼(https://www.bigdata-coast.kr/main.do)은 해양과 연안 지역의 다양한 데이터를 통합하고 분석할 수 있는 종합적인 플랫폼이다. 이 플랫폼은 해양 환경, 수질, 기후 변화, 생태계 등 연안과 관련된 다양한 데이터를 연구자, 정책 입안자, 그리고 일반 사용자들이 쉽게 접근할 수 있도록 제공하고 있다. 플랫폼에서 제공되는 데이터를 시각화하고 분석하여 해양 환경의 변화와 동향을 파악하고, 예측 모델을 구축할 수 있다. 이 플랫폼은 연안 관리와 해양 보전 전략 수립에 중요한 도구로 활용되고, 지속 가능한 해양 환경을 유지하는 데 기여할 것으로 기대된다.

[그림 1-6] 연안 빅데이터 플랫폼 웹사이트

　　이 책에서는 오렌지를 활용하여 연안 빅데이터를 분석하고, 그 결과를 시각화하여 정리하였다. 이를 통해 연안 데이터의 복잡한 상호작용을 직관적으로 이해하고, 빠르게 분석 결과를 도출할 수 있으며, 컴퓨터나 프로그래밍을 전공하지 않은 타 분야 전문가들 또한, 다양한 머신러닝 알고리즘을 쉽게 적용하여 예측 모델을 구축하고, 데이터를 기반으로 한 의사결정을 할 수 있다. 이 책에서 제공하는 분석 방법이 연구자와 정책 입안자에게 중요한 도구가 되며, 효과적인 연안 관리와 환경 보호에 큰 기여를 하길 기대한다.

1.7 오렌지 설치 및 시작하기

오렌지의 설치는 매우 간단하다. 오렌지 공식 웹사이트(https://orangedatamining.com/download/)에서 자신의 운영체제에 맞는 설치 파일을 다운로드하고 설치하면 된다. 설치 과정에서 설치 경로에 한글이 포함되지 않도록 해야 한다는 점에만 주의한다면, 별다른 어려움 없이 프로그램을 쉽게 설치할 수 있을 것이다. 설치가 완료되면 프로그램을 실행해 다양한 데이터 분석 기능을 바로 사용할 수 있다. 설치에 어려움이 있을 경우 저자의 유튜브 채널을 참고하기 바란다.

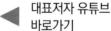 대표저자 유튜브
바로가기

오렌지를 통해 데이터 분석을 시작하면, 복잡한 프로그래밍 없이도 데이터를 쉽게 분석하고 시각화할 수 있다. 오렌지는 데이터 분석 입문자부터 전문가까지 모두에게 유용한 도구가 될 것이다. 데이터 분석의 중요성을 이해하고, 오렌지를 통해 데이터 분석을 배우고 활용해보자. 오렌지는 여러분의 데이터 분석 여정을 더욱 쉽고 재미있게 만들어 줄 것이다.

[그림 1-7] 오렌지 웹사이트

Chapter 2

오렌지 데이터

시각화의 기초

아이리스 데이터

2.1 데이터 설명

    아이리스(iris)는 그리스 신화의 무지개 여신의 이름에서 유래한 붓꽃의 영어 이름으로, 색상이 다양하고 화려하다. 아이리스의 꽃은 여섯 장의 꽃잎과 꽃받침으로 구성되어 있으며, 세 장의 꽃받침은 바깥쪽으로, 세 장의 꽃잎은 안쪽으로 말려들어간다.

    이러한 구조와 다양한 색상 덕분에 아이리스는 관상용으로 정원에서 자주 재배되는 인기 식물이다. 아이리스는 신비, 지혜, 용기를 상징하며, 예술과 문학에서도 많이 등장한다.

Iris setosa	Iris versicolor	Iris virginica
북미의 알래스카, 유콘, 브리티시 컬럼비아 지역에 자생하며, 1~2피트 높이로 자라고 보라색 꽃을 피운다.	북미 동부의 습지와 하천가에 자생하며, 10~80cm 높이로 자라고 파란색 또는 보라색 꽃을 5월부터 7월 사이에 피운다.	미국 동부와 캐나다 동부의 습지와 호숫가에 자생하며, 1~3인치 크기의 연한 파란색에서 보라색 꽃을 봄과 초여름에 피운다.

    사실 아이리스는 여러 종의 꽃을 묶어서 부르는 말이다. 우리

말로는 "붓꽃속"이라고 한다. 위키피디아[1]에 따르면 전 세계적으로 아이리스에는 310종의 꽃이 존재한다고 한다.

아이리스 데이터셋은 머신러닝과 통계학에서 널리 사용되는 고전적인 데이터셋으로, 1936년 로널드 피셔(Ronald Fisher)의 논문에서 사용되며 유명해졌다[2]. 이 데이터셋은 3종의 붓꽃(Iris setosa, Iris versicolor, Iris virginica)에 대해 150개의 인스턴스(관측치)를 포함하고 있으며, 각 인스턴스는 꽃 한 송이로부터 측정된 데이터를 말한다. 각각의 꽃으로부터 꽃받침 길이(Sepal Length), 꽃받침 너비(Sepal Width), 꽃잎 길이(Petal Length), 꽃잎 너비(Petal Width)가 측정되었고, 이 4가지 특성을 특징 또는 변수라고 부른다. 아이리스 데이터셋은 각 붓꽃 종의 특성을 비교하고 분류하는 데 유용하며, 데이터 시각화, 분류 알고리즘의 학습 및 테스트 등 다양한 데이터 분석 및 머신러닝 작업에 자주 사용된다.

종	꽃받침 길이	꽃받침 너비	꽃잎 길이	꽃잎 너비	특징 (변수)
Iris-setosa	5.1	3.5	1.4	0.2	
Iris-setosa	4.9	3	1.4	0.2	인스턴스 (관측치)
Iris-versicolor	4.9	2.4	3.3	1	
Iris-versicolor	6.6	2.9	4.6	1.3	
Iris-virginica	6.2	3.4	5.4	2.3	
Iris-virginica	5.9	3	5.1	1.8	

[그림 2-1] 아이리스 데이터

1   https://en.wikipedia.org/wiki/Iris_(plant)
2   https://en.wikipedia.org/wiki/Iris_flower_data_set

2.2 데이터 시각화

　꽃받침/꽃잎의 길이/너비에 따라 붓꽃은 어떻게 분포되어 있을까? 이 정보만을 가지고 길을 걷다 마주친 붓꽃의 종을 알아낼 수 있을까? 데이터 시각화를 통해 이와 같은 물음에 답할 수 있다.

　먼저, 히스토그램을 사용하여 각 특징에 따른 붓꽃의 분포를 확인해 보자. [그림 2-2]는 붓꽃 종에 따른 꽃받침/꽃잎의 길이/너비 분포를 시각화한 것이다. 푸른 색은 Iris-setosa, 붉은 색은 iris-versicolor, 녹색은 iris-virginica를 나타낸다. 모든 특징에서 종별 특징의 분포에 차이가 나타났으며, 특히 꽃잎 길이에서는 명백하게 차이가 발생하여 꽃잎의 길이만으로도 세 종의 꽃을 분류할 수 있을

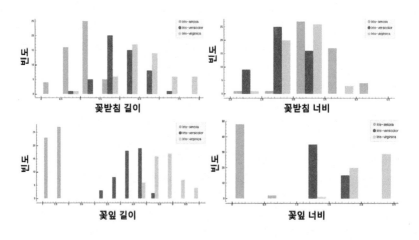

[그림 2-2] 붓꽃 종류에 따른 꽃받침/꽃잎의 길이/너비 분포

것으로 여겨진다.

산포도(Scatter Plot)를 사용하면 특징에 따른 분포를 2차원상에서 확인할 수 있다. 두 특징의 조합에 따른 분포를 확인할 수 있으므로, 히스토그램에 비해 보다 복잡한 정보를 얻을 수 있게 된다.

[그림 2-3]은 각각 꽃잎 너비와 꽃받침 길이, 꽃잎 길이와 꽃받침 너비에 따른 붓꽃의 분포를 산포도로 시각화한 것이다. 오른쪽 산포도에서는 앞서 히스토그램에서 살펴본 바와 같이 꽃잎의 길이만으로도 분류를 비교적 정확하게 할 수 있는 것을 알 수 있으며, 왼쪽 산포도에서는 꽃잎의 너비와 꽃받침의 길이를 조합하면 대부분의 붓꽃을 정확하게 분류할 수 있다는 것을 알 수 있다.

이와 같은 시각화 결과를 얻기 위해 해야하는 작업을 다음 절에서 자세히 살펴보자.

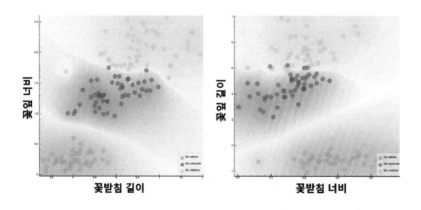

[그림 2-3] 2개 특징을 사용하여 살펴본 붓꽃의 분포

2.3 오렌지의 기본사용법

    오렌지 프로그램은 크게 좌측의 위젯 패널과 우측의 캔버스로 나뉘어져 있다. 다양한 기능을 수행하는 위젯들이 카테고리별로 분류되어 있으며, 사용하고자 하는 위젯을 마우스로 끌어다 캔버스에 옮겨 놓으면 해당 위젯을 사용할 수 있다.

    각각의 위젯은 입력과 출력을 가지는 일종의 함수와 같이 설계되어 있다. 데이터는 점선으로 된 연결영역을 통해 전달되며, 위젯의 왼쪽에서 데이터를 받아 오른쪽으로 흘려 보내는 구조를 가지고

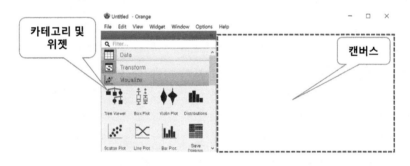

[그림 2-4] 오렌지 화면 구성

Datasets

Scatter Plot

Save Data

[그림 2-5] 위젯 형태

[그림 2-6] 위젯의 연결

있다[그림 2-5]. 위젯의 종류에 따라 입력만 가지거나 출력만 가지는 위젯도 있다.

위젯을 연결하려면 커서를 연결 영역에 가져다 둔 후, 마우스를 드래그하여 연결하고자 하는 위젯의 연결 영역까지 끌어다 놓으면 된다[그림 2-6]. 어떤 위젯은 두 개 이상의 입력 또는 출력을 가지고 있는데, 이런 경우에 입력/출력을 상세하게 지정하려면 위젯 연결선을 더블클릭하여 설정하면 된다.

대부분의 위젯은 그래픽 유저 인터페이스(GUI)를 사용하여 세부

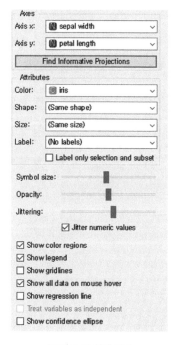

[그림 2-6] 위젯 설정

설정이 가능하도록 디자인되어 있으며, 캔버스에 올려진 위젯을 더블 클릭하면 해당 위젯의 옵션을 바꿀 수 있다. [그림 2-6]은 Scatter Plot 위젯의 설정화면 일부다. 콤보박스, 슬라이드 바, 체크박스 등 다양한 인터페이스를 통해 직관적인 설정이 가능하다.

2.4 아이리스 데이터 시각화 워크플로우

2.2절에서와 같이 아이리스 데이터를 시각화하는 위젯 구성은 [그림 2-7]과 같다. Datasets 위젯은 데이터를 읽어들이는 기능, Distributions 위젯은 히스토그램을 그리는 기능, Scatter Plot은 산포도를 그리는 기능을 수행한다. 각 위젯을 위젯 패널에서 선택하여 캔버스에 추가하고, Datasets 위젯과 나머지 두 위젯을 연결하기만 하면 워크플로우의 구성이 완료된다.

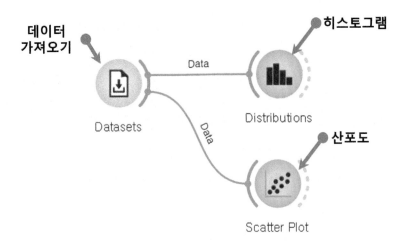

[그림 2-7] 아이리스 데이터를 시각화하기 위한 워크플로우

2.5 위젯 구성 설명

 Datasets 위젯은 오렌지에 내장된 데이터셋을 가져와 분석에 사용할 수 있도록 한다. 위젯의 설정 방법은 [그림 2-8]과 같다. ❶ 먼저 검색창에 iris를 입력하여 데이터셋을 찾은 후, ❷ 해당 데이터셋을 더블클릭하여 데이터를 내려받는다.

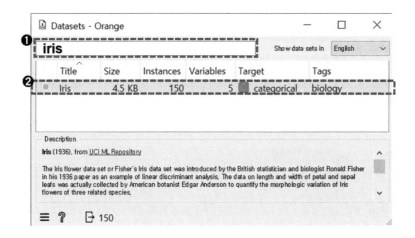

[그림 2-8] Datasets 위젯 설정

 Distributions 위젯은 히스토그램을 통해 데이터의 특징별 분포를 시각화한다. ❶ 분포를 살펴보고자 하는 특징(변수)을 선택하고, ❷ 슬라이드바를 이동시켜 Bin width를 0.5로 설정한다. Bin width는 히스토그램 bin의 너비를 의미하는 값으로, 이 값이 작을수록 데이터의 분포를 더 세밀하게 살펴볼 수 있으나, 인스턴스의 수가 적은 경우에는 세밀하게 살펴보는 것이 어려울 수 있다.

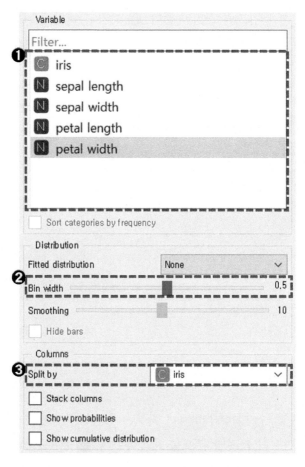

[그림 2-9] Distributions 위젯 설정

❸ Split by는 데이터를 그룹에 따라 나누어 분포를 살펴보기 원할 때 사용하는 옵션이다. 여기서는 iris를 선택하여 아이리스 종에 따른 데이터 분포의 차이를 확인하도록 한다.

 Scatter Plot 위젯은 산포도를 그리는 위젯이며, 설정 방법은 [그림 2-9]와 같다.

산포도를 설정하는 가장 중요한 옵션은 축이다. ❸ 축 특징을 선택하면 선택된 특징에 대한 기본 산포도를 확인할 수 있다. ❹ Color 옵션은 색상 구분을 무엇으로 할 것인지를 지정하는 옵션이다. 여기서는 iris를 선택하여 아이리스 종에 따라 다른 색상으로 표시되도록 한다.

❺ Jittering은 표시되는 좌표에 약간의 노이즈(noise)를 주어 데이터 인스턴스가 축 위에 모두 표시되도록 하는 옵션이다. 이 옵션에서 노이즈의 양을 증가(슬라이드 바를 오른쪽으로 이동)시키면, 데이터의 전반적인 분

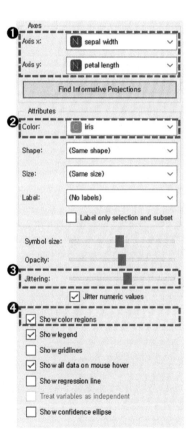

[그림 2-10] Scatter Plot 위젯 설정

포를 확인하기 편하다. ❻ Show color regions는 데이터 인스턴스들을 기반으로 데이터들의 분포 영역(Color 옵션 기준)을 색칠하는 옵션이다.

Chapter 3

데이터 시각화

해상기온과

해면기압

3.1 데이터 설명

해상기온과 해면기압의 변화는 기후 변화의 중요한 지표다. 이러한 지표를 분석함으로써 지구 온난화의 진행 상황을 파악할 수 있다. 해상기온과 해면기압의 상승은 해류와 해양 순환에 영향을 미치며 해양 생물의 서식지 및 이동 패턴에 변화를 초래할 수 있다. 특히, 특정 해양 생물종은 선호하는 환경 조건을 찾아 이동하는 특성을 가지고 있어, 이러한 변화는 일부 종의 생존에 위협이 될 수 있다. 또한, 해상기온과 해면기압의 변화는 해양 폭풍, 태풍, 허리케인과 같은 극한 기상 현상의 발생 빈도와 강도를 증가시킬 수 있어 이러한 변화를 모니터링하고 분석하는 것은 재해 예방 및 대비를 위하여 매우 중요하다.

[그림 3-1] OCPC 월별 해상기온 분석 정보 데이터셋

[그림 3-2] OCPC 월별 해면기압 분석 정보 데이터셋

    이번 장에서는 연안 빅테이터 플랫폼의 2024년 1월자 OCPC 월별 해상기온 분석 정보 데이터셋과 OCPC 월별 해면기압 분석 정보 데이터셋을 활용하여 해상기온과 해면기압의 장기적인 변화 추세를 시각화한다.

    이 두 데이터셋은 1981년 1월부터 2023년 12월까지 각 바다의 해상기온 또는 해면기압에 대한 데이터로, 두 데이터셋의 변수는 〈표 3-1〉과 같이 동일한 변수들로 구성되어 있다. 여기서 우리가 시각화에서 사용할 변수는 wtch_ym(관측연월), ysea_mnth_avg_val(황해월평균값), echsea_mnth_avg_val(동중국해월평균값), esea_mnth_avg_val(동해월평균값), easa_mnth_avg_val(동아시아월평균값)으로 5가지이다. 이를 통해 대한민국 주변 바다 해상기온을 관측 연도와 관측 월에 따라 시각화하여 비교한다. 우리는 대한민국을 포함한 동아시아 지역의 해상기온과 해면기압 간의 관계를 시각화하여 분석한다.

변수	설명
wtch_ym	관측연월
ysea_mnth_avg_val	황해월평균값
ysea_nmyr_avg	황해평년평균
ysea_mnth_avg_anomaly	황해월평균아노말리
ysea_nmyr_stddev_val	황해평년표준편차값
echsea_mnth_avg_val	동중국해월평균값
echsea_nmyr_avg	동중국해평년평균
echsea_mnth_avg_anomaly	동중국해월평균아노말리
echsea_nmyr_stddev_val	동중국해평년표준편차값
esea_mnth_avg_val	동해월평균값
esea_nmyr_avg	동해평년평균
esea_mnth_avg_anomaly	동해월평균아노말리
esea_nmyr_stddev_val	동해평년표준편차값
easa_mnth_avg_val	동아시아월평균값
easa_nmyr_avg	동아시아평년평균
easa_mnth_avg_anomaly	동아시아월평균아노말리
easa_nmyr_stddev_val	동아시아평년표준편차값
glb_mnth_avg_val	전지구월평균값
glb_nmyr_avg	전지구평년평균
glb_mnth_avg_anomaly	전지구월평균아노말리
glb_nmyr_stddev_val	전지구평년표준편차값
uom_nm	단위명

3.2 데이터 시각화

　해상기온과 해면기압 데이터는 시계열(Time Series) 데이터다. 시계열은 시간의 흐름에 따라 측정된 데이터를 의미하며, 주로 연속적인 시간 간격(연도, 월, 일 등)으로 수집된 관측값으로 구성된다. 이러한 데이터를 통해 과거의 패턴을 분석하고 미래를 예측할 수 있다.

　시계열 데이터는 시간이 지남에 따라 증가하거나 감소하는 추세를 보이기도 하고, 특정 주기나 계절에 따라 반복적인 패턴을 보이는 계절성 등의 특성을 가진다. 이러한 특징은 수치로 비교하기는 어려우므로, 한눈에 쉽게 이해하고 분석하기 위해 시각화 과정을 거치는 것이 중요하다.

　시각화에는 다양한 방법들이 있으며, 분석 목적에 따라 가장 적합한 시각화 방법을 선택하는 것이 중요하다. 대표적인 시각화 방법으로는 막대그래프(Bar Plot)가 있다. 막대그래프는 데이터의 크기를 막대 모양의 길이로 나타내며, 데이터의 크고 작음을 한눈에 비교할 수 있어 범주형 데이터의 비교 및 분석에 유용하다.

　먼저, 대한민국 주변 바다인 황해, 동중국해, 동해의 월평균 해상기온을 관측 연도와 관측 월에 따라 시각화해보자. [그림 3-3]은 2019년부터 2023년까지 월별 황해의 해상기온을 Bar Plot으로 나타낸 결과이다. 이 그래프에서는 한 달 안에서 여러 해 동안의 기온 변화를 한눈에 볼 수 있다.

　그래프의 색깔별로 구분된 것을 보면, 각 월의 온도는 특정한

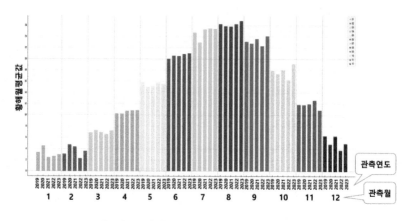

[그림 3-3] 황해의 월별 해상기온을 나타낸 Bar Plot

패턴을 따르는 것을 알 수 있다. 예를 들어, 7월과 8월은 전체적으로 높은 평균 온도를 기록하고 있다. 이는 여름철인 7월과 8월의 해상 기온이 다른 달에 비해 높다는 것을 의미한다. 반대로 1월과 12월의 평균 해상 기온은 다른 달에 비해 낮다.

각 월별로 연도에 따른 기온 변화를 살펴보면, 2020년 7월의 황해 월평균 기온이 다른 해에 비해 특히 낮았음을 확인할 수 있다. 실제로 기상청에 따르면, 당시 북태평양 고기압이 북상하지 못하고 일본 남쪽에 머물러 있어 흐리거나 비가 오는 날이 많았고, 이로 인해 기온이 충분히 오르지 못했다고 한다.[3]

그렇다면 연도에 따라 본 황해의 해상기온은 어떻게 나타날까? 결과는 [그림 3-4]와 같다. 이 그래프에서는 하나의 연도 내에서

---

3   https://www.kma.go.kr/download_02/ellinonewsletter_2020_07.pdf

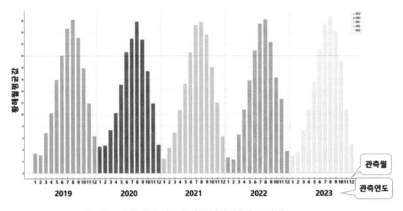

[그림 3-4] 황해의 연도에 따른 해상기온을 나타낸 Bar Plot

월별로 기온이 어떻게 변하는지를 보여준다. 수온의 변화가 주기성을 띠며 반복됨을 보여주며, 이는 사계절의 영향을 반영한 것임을 유추할 수 있다.

각 연도 내에서 월별 기온의 변동폭은 대체로 일정하지만, 2023년의 경우 7월, 8월, 9월의 해상기온이 다른 연도에 비해 상대적으로 더 높다. 이는 해가 갈수록 여름철의 기온이 점점 상승하고 있음을 의미한다.

[그림 3-3]과 [그림 3-4]를 비교해보면, 동일한 데이터일지라도 시각화 기준에 따라 그래프의 모습이 달라질 수 있음을 확인할 수 있다. 따라서 데이터의 정확한 분석을 위해 적절한 시각화 방법을 선택하여야 한다.

[그림 3-5]의 (a)는 월별 동중국해 월평균값이고, (b)는 연도에 따른 동중국해 월평균값을 나타낸 것이다. [그림 3-6]의 (a)는 월별 동해 월평균값이고, (b)는 연도에 따른 동해 월평균값을 나타낸 것

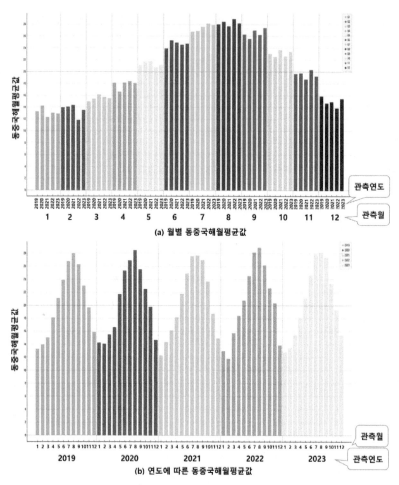

[그림 3-5] 동중국해 해상기온 Bar Plot

이다. 위 그래프를 분석하여 어떤 특징이 있는지 직접 알아본다.

　　해상기온과 해면기압은 해양과 대기 사이에서 밀접하게 상호
작용한다. 이들의 관계는 지역적, 계절적 특성 등 여러 요인에 따라

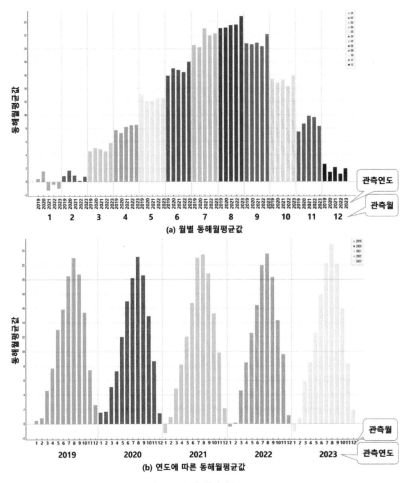

[그림 3-6] 동해 해상기온 Bar Plot

다르게 나타날 수 있다. 해상기온과 해면기압 데이터를 함께 활용하여 동아시아 지역에서 이들 간의 관계를 확인해볼 수 있다[그림 3-7].

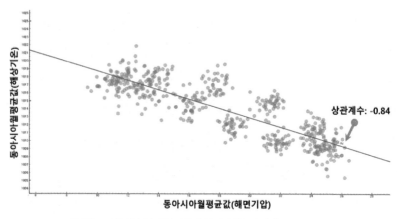

[그림 3-7] 동아시아 해상기온과 해면기압을 나타낸 Scatter Plot

　　상관계수(correlation coefficient)는 두 변수 간의 관계를 정량적으로 나타내는 통계적 지표다. 이 지표는 1에 가까울수록 두 변수 간의 비례 관계가 강함을 의미하며, -1에 가까울수록 반비례 관계가 강함을 나타낸다. 상관계수가 0인 경우, 두 변수 간에는 아무런 선형 관계가 존재하지 않음을 의미한다.

　　위 그림에서 상관계수가 -0.84이므로, 동아시아의 해상기온과 해면기압 간에는 반비례 관계가 존재함을 알 수 있다. 이는 동아시아의 해상기온이 상승할 경우 해당 지역에 저기압이 형성될 가능성이 높다는 것을 의미한다.

3.3 오렌지 워크플로우

    3.2절의 해상기온 데이터를 시각화하기 위한 위젯 구성은 [그림 3-8]과 같다. Select Columns 위젯은 데이터셋에서 사용할 변수를 선택하는 기능을, Select Rows 위젯은 데이터셋에서 조건에 맞는 데이터를 추출하는 기능을 제공한다. Formula 위젯은 기존 열을 사용자 정의 표현식과 결합하여 새로운 열을 계산하는 역할을 하며, Bar Plot 위젯은 막대그래프를 생성하는 기능을 담당한다. 각 위젯을 캔버스에 추가하고, [그림 3-8]과 같이 위젯들을 연결함으로써 워크플로우 구성이 완료된다.

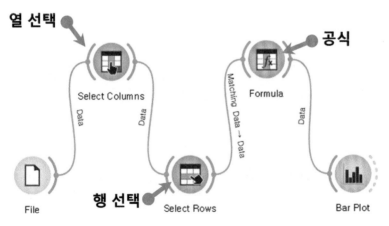

[그림 3-8] 해상기온 데이터를 시각화하기 위한 워크플로우

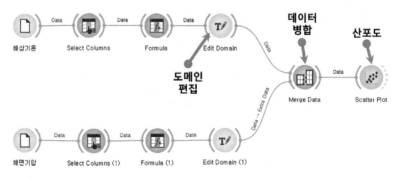

[그림 3-9] 해상기온과 해면기압의 관계를 시각화하는 워크플로우

    3.2절의 해상기온과 해면기압 간의 관계를 시각화하기 위한 워크플로우는 [그림 3-9]와 같다. Edit Domain 위젯은 데이터셋의 도메인을 변경하는 기능을 제공하며, Merge Data 위젯은 선택된 열을 기준으로 두 개의 데이터셋을 수평으로 병합하는 기능을 수행한다.

3.4 위젯 구성 설명

황해, 동해, 동중국해의 해상기온을 시각화하기 위한 오렌지 위젯을 알아본다.

File 위젯에서는 내 컴퓨터의 파일을 오렌지로 불러오는 기능을 한다. 위젯의 설정 방법은 [그림 3-10]과 같다. ❶ 우측의 폴더 아이콘을 눌러 불러올 파일을 선택한다. 이후 데이터 전처리 과정을 위해, ❷ Name이 WTCH_YM인

[그림 3-10] File 위젯 설정

행의 Type 칸을 더블클릭하여 text 타입으로 변경한다. 마지막으로
❸ Apply 버튼을 눌러 변경사항을 적용한다. Name 열은 데이터셋
의 변수명을 의미하며, Type은 변수의 데이터타입을 나타낸다. 오
렌지 프로그램에서는 text, categorical, numeric, datetime의 총 4가
지의 데이터 타입이 존재한다.

Select Columns 위젯에서는 데이터셋에서 사용
할 변수와 사용하지 않을 변수를 설정할 수 있다. [그

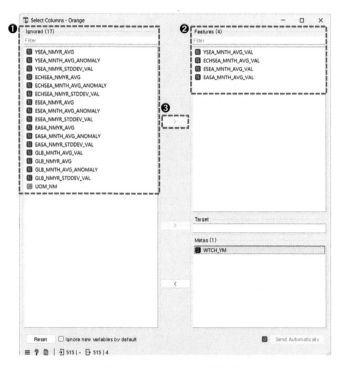

[그림 3-11] Select Columns 위젯 설정

림 3-11]과 같이 사용할 변수와 사용하지 않을 변수를 설정한다. ❶
Ignored 칸에는 데이터 분석에 사용하지 않을 변수를 배치한다. ❷
Features 칸에는 데이터 분석에 사용할 변수를 배치한다. 데이터 분
석에 사용할 네 개의 변수를 제외한 나머지 변수들은 드래그 앤 드롭
방식으로 Ignored 칸으로 옮기거나, ❸ 화살표 버튼을 사용하여 변수
를 이동시킬 수 있다. WTCH_YM 변수는 Meta 칸에 위치시킨다.

Select Rows 위젯에서는 데이터셋에서 조건에
맞는 데이터를 추출할 수 있다. Bar Plot 위젯은 최대
200개의 데이터만 나타낼 수 있으므로, 2019년도부터

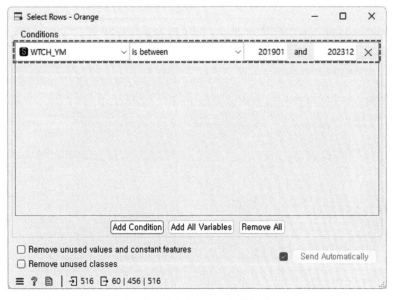

[그림 3-12] Select Rows 위젯 설정

2023년도까지의 해상기온 데이터를 사용한다. 위젯 설정은 [그림 3-12]와 같다. ❶ WTCH_YM 열을 선택한 뒤 is between 옵션을 선택하고, 201901과 202312를 입력한다.

 Formula 위젯에서는 기존 열을 이용하여 수식에 맞는 새로운 열을 생성할 수 있다. 우리는 201901과 같이 연도와 월이 합쳐진 형태로 되어있던 WTCH_YM 열을 통해 관측연도와 관측월이라는 변수를 생성하려고 한다. 위젯 설정은 [그림 3-13]과 같다. ❶ New를 눌러 categorical을 선택한다.

[그림 3-13] Formula 위젯 설정

❷ 새로 생성할 변수명으로 관측연도를 입력한다. ❸ 수식을 입력하는 칸에는 WTCH_YM[0:4]를 입력하여 WTCH_YM 열의 값에서 첫 4자리 문자를 가져온다. 예를 들어, 201901이라면 첫 4자리인 2019를 나타낸다. ❹ 마지막으로 Send 버튼을 눌러주면 관측연도라는 새로운 열이 생성된다. 똑같은 과정을 반복하여 관측월 열을 생성해보자. ❺ 이 칸에서 공식을 통해 생성된 열을 확인할 수 있다. 관측월을 생성하는 수식은 [그림 3-13]의 5번 칸을 참고하면 된다.

 Bar Plot 위젯에서는 데이터를 막대그래프로 시각화할 수 있다. 3.2절의 [그림 3-4]에서 동아시아 월평균 값을 연도에 따라 나누어 시각화하였다. 해당 그래프의 위젯 설정은 [그림 3-14]와 같다. ❶ Values 옵션에서는 막대그래프로 나타내고 싶은 열을 선택한다. ❷ Group by 옵션에서는 Values 옵션에서 선택한 대상을 어떠한 기준으로 나눌지를 설정한다. 여기서는 관측연도를 선택한다. ❸ Annotations 옵션은 막대에 달 주석을 선택한다. 여기서는 관측월을 선택한다. ❹ Colors 옵션은 막대그래프의 색상을 지정할 수 있다.

[그림 3-14] Bar Plot 위젯 설정

3.2절에서 해상기온 데이터셋과 해면기압 데이터셋을 결합한
후, 산포도를 통해 상관관계를 시각화하였다. 이를 위해 사용된 위
젯을 확인하기에 앞서, 3.3절의 [그림 3-9]를 참고하여 워크플로우
를 작성하고, 이전에 사용한 위젯들을 동일하게 적용하여 전처리 과
정을 수행한다.

Edit Domain 위젯에서는 열 이름, 열 타입 등을 변
경할 수 있다. 해상기온과 해면기압 데이터셋에는 중
복되는 열 이름을 가진 변수가 존재하므로, 해당 열들
의 이름을 변경하기 위해 Edit Domain 위젯을 사용한다.

중복된 변수명은 알아보기 쉽게 한국어로 변경하고, 변수명
뒤에 각 데이터셋명을 괄호 안에 넣어 기재한다. 예를 들어, 해상기

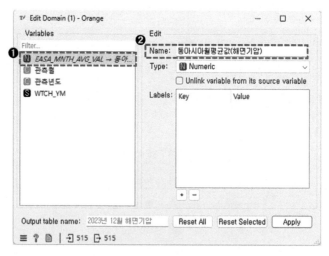

[그림 3-15] Edit Domain 위젯 설정

온 데이터의 중복 변수명은 동아시아월평균값(해상기온)으로, 해면기압 데이터의 중복 변수명은 동아시아월평균값(해면기압)으로 수정한다. 위젯 설정은 [그림 3-15]와 같다. ❶ Variables 옵션에서 변경할 변수를 선택한다. ❷ Name 옵션에는 수정할 변수명을 입력한다. ❸ Type 옵션에서는 변수의 타입을 변경할 수 있다. 이후, Apply 버튼을 눌러주면 설정한 대로 도메인이 변경된다.

2.4절에서 Scatter Plot 위젯에 대해 다루었으므로, 이번 절에서는 Scatter Plot의 옵션에 대한 설명은 생략하고, 구성 방법에 대해서만 알아본다.

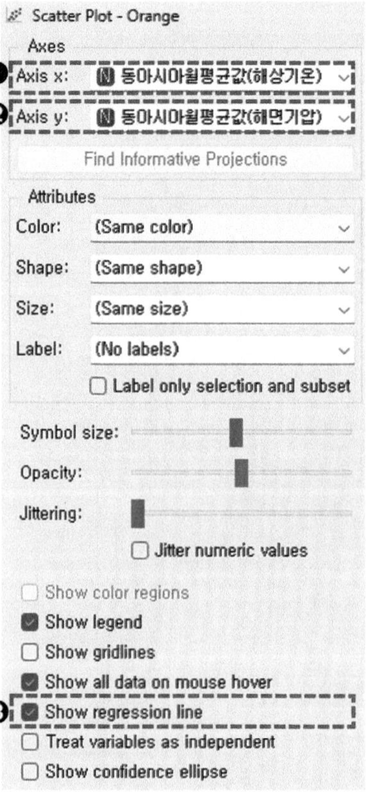

[그림 3-16] Scatter Plot 위젯 설정

위젯 설정은 [그림 3-16]과 같다. ❶ Scatter Plot의 x축에 나타낼 변수를 선택한다. 여기서는 동아시아월평균값(해상기온)을 선택하였다. ❷ y축에 나타낼 변수로 동아시아월평균값(해면기압)을 선택한다. ❸ Show regression line 옵션을 선택하면 회귀선과 상관계수를 볼 수 있다.

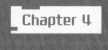
Chapter 4

데이터 시각화

엘리뇨/

라니냐 지수

4.1 데이터 설명

　엘니뇨(El Niño)와 라니냐(La Niña)는 태평양 적도 지역의 해수면 온도가 평상시보다 높아지거나 낮아지는 상태가 수개월 이상 지속되는 현상이다. 이러한 두 기후 현상은 상반된 기후 패턴을 형성하며, 심각한 홍수나 가뭄을 유발하여 농업에 큰 피해를 초래하고, 해양 생태계의 변화를 촉진하며, 질병 확산으로 인한 공중 보건 문제를 야기할 수 있다.

　기상청은 3개월 이동 평균한 해수면 온도가 평년 대비 +0.5℃ 이상으로 5개월 이상 지속되는 경우를 엘니뇨로, -0.5℃ 이하로 5개월 이상 지속되는 경우를 라니냐로 규정한다. 이 기준에 따라, 기상청은 2015년 3월부터 2016년 5월까지의 기간을 강력한 엘니뇨로, 2010년 7월부터 2011년 4월까지 및 2011년 8월부터 2012년 3월까지의 기간을 강력한 라니냐로 발표하였다.

　이번 장에서는 2015년 3월부터 2016년 5월까지의 엘니뇨 발생과 2010년 7월부터 2012년 3월까지의 라니냐 발생을 시각적으로 분석한다. 분석에 사용된 데이터는 연안 빅데이터 플랫폼에서 제공한 2024년 1월 자 OCPC 월별 엘니뇨/라니냐 지수 데이터셋으로, 이 데이터셋에는 1981년 1월부터 2023년 12월까지의 엘니뇨/라니냐 지수가 포함되어 있으며, 그 구성은 〈표 4-1〉과 같다. 분석에서 사용한 변수는 wtch_ym(관측연월)과 엘니뇨/라니냐 판단 기준으로 사용되는 enn_lnn_3mnth_avg_anomaly(엘니뇨 라니냐 3개월 평균 아노말리)이다. 아노말리는 실제 해수면 온도에서 기준선 평균 해수면 온도를 뺀 값을 의미한다.

[그림 4-1] OCPC 월별 엘니뇨/라니냐 지수 데이터셋

〈표 4-1〉 OCPC 월별 엘니뇨/라니냐 지수 데이터셋의 변수

변수	설명
wtch_ym	관측연월
enn_lnn_mnth_avg_anomaly	엘니뇨 라니냐 월 평균 아노말리
enn_lnn_3mnth_avg_anomaly	엘니뇨 라니냐 3개월 평균 아노말리
enn_lnn_mnth_avg_val	엘니뇨 라니냐 월 평균값
enn_lnn_nmyr_avg	엘니뇨 라니냐 평년 평균
enn_lnn_nmyr_stddev_val	엘니뇨 라니냐 평년 표준편차 값
uom_nm	단위명

4.2 데이터 시각화

[그림 4-2]의 (a)는 2015년부터 2016년까지, (b)는 2010년부터 2012년까지를 엘니뇨/라니냐 시기를 시각화한 Heat Map이다. Heat Map은 데이터의 강도를 시각적으로 표현하는 방법으로, 특정 값의 분포를 직관적으로 이해하는 데 유용하다. 일반적으로 밝거나 강한 색은 높은 값을, 어둡거나 약한 색은 낮은 값을 나타낸다.

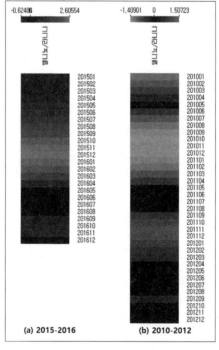

[그림 4-2] 엘니뇨/라니냐 시기의 Heat Map

빨간색으로 표시된 영역은 3개월 이동 평균한 해수면 온도가 평년 대비 0.5도 이상 높은 것을 나타내며, 초록색으로 표시된 영역은 평년 대비 0.5도 이상 낮은 것을 의미한다. [그림 4-2(a)]를 살펴보면, 2015년 4월부터 2016년 4월까지의 엘니뇨 기간에서, 평년 대비 0.5도 이상 높은 빨간색 영역이 5개월 이상 지속된 것을 볼 수 있으며, [그림 4-2(b)]에서는 2010년 6월부터 2011년 4월까지와 2011년 9월부터 2012년 2월까지의 라니냐 기간에서 평년 대비 0.5도 이상 낮은 초록색 영역이 5개월 이상 지속된 것을 확인할 수 있다.

기상청에서 나타낸 엘니뇨/라니냐 기간은 〈표 4-2〉와 같다. 4장을 모두 학습한 후, 아래 표를 참고하여 다른 기간의 데이터를 시각화하여 분석해 볼 수 있다.

〈표 4-2〉 엘니뇨 및 라니냐 발생 연도

엘니뇨 발생 연도	라니냐 발생 연도
1982년 04월 ~ 1983년 06월	1984년 11월 ~ 1985년 05월
1986년 08월 ~ 1988년 02월	1988년 05월 ~ 1989년 05월
1990년 08월 ~ 1992년 08월	1995년 10월 ~ 1996년 01월
1993년 02월 ~ 1993년 09월	1998년 08월 ~ 2000년 04월
1994년 03월 ~ 1995년 04월	2007년 09월 ~ 2008년 05월
1997년 05월 ~ 1998년 05월	2010년 07월 ~ 2011년 04월
2022년 05월 ~ 2003년 03월	2011년 08월 ~ 2012년 03월
2004년 06월 ~ 2005년 05월	2016년 08월 ~ 2017년 01월

엘니뇨 발생 연도	라니냐 발생 연도
2006년 08월 ~ 2007년 01월	
2009년 06월 ~ 2010년 04월	
2015년 03월 ~ 2016년 05월	

4.3 오렌지 워크플로우

4.2절에서 엘니뇨/라니냐 데이터를 시각화하기 위한 위젯 구성은 [그림 4-3]과 같다. 앞서 사용된 위젯에 대한 설명은 생략하였으나, 동일한 위젯이라도 목적에 따라 구성 방식이 다를 수 있으므로 구간에 따라 이를 다음 절에서 설명한다. Concatenate 위젯은 여러 데이터를 행 방향으로 결합하는 역할을 한다. Heat Map 위젯은 숫자 변수가 포함된 데이터 세트를 시각적으로 표현하는 데 사용된다. 각 위젯을 캔버스에 추가한 후, [그림 4-3]과 같이 위젯들을 연결함으로써 최종 워크플로우 구성이 완료된다.

[그림 4-3]에서 크게 ❶~❹번 박스는 데이터 전처리 과정, ❺~❻번 박스는 시각화 과정으로 나눌 수 있다. ❶번 박스는 3장의 데이터 전처리 과정과 거의 동일하다. ❷번과 ❸번 박스는 엘니뇨/라니냐의 정의에 따라 전처리를 하는 과정이다. ❹번 박스는 두 데이터를 연결하고 시각화를 위해 사용할 변수를 선택한다. ❺번 박스는 엘니뇨 기간을 시각화하고 ❻번 박스는 라니냐 기간을 시각화한다.

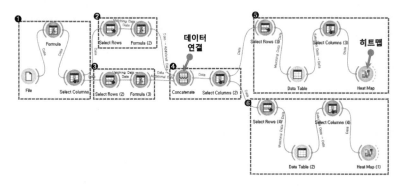

[그림 4-3] 엘니뇨/라니냐 데이터를 시각화하는 오렌지 워크플로우

4.4 위젯 구성 설명

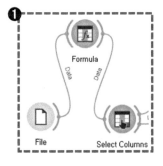

[그림 4-3]의 ❶번 상자에 해당하는 위젯 설명은 아래와 같다.

File 위젯의 설정 방법은 [그림 4-4]와 같다. ❶ 우측의 폴더 아이콘을 눌러 불러올 파일을 선택한다. 이후 데이터 전처리 과정을 위해, ❷ Name이 WTCH_YM 행의 Type 칸을 더블클릭하여 text 타입으로 변경한다. 마지막으로 ❸ Apply 버튼을 눌러 변경사항을 적용한다.

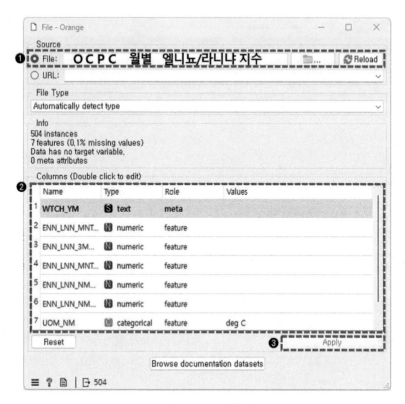

[그림 4-4] File 위젯 설정

    Formula 위젯 설정은 [그림 4-5]와 같다. WTCH_YM 열을 이용하여 관측연도와 관측월 변수를 생성하기 위해 [그림 4-5]의 수식을 작성한다.

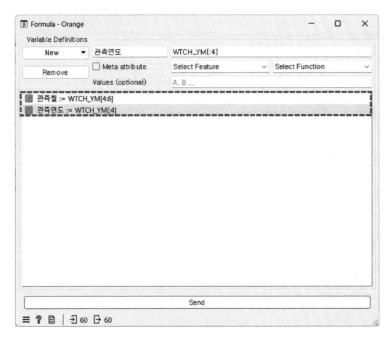

[그림 4-5] Formula 위젯 설정

Select Columns 위젯 설정은 [그림 4-6]과 같으며, Features 칸에는 관측연도, 관측월, ENN_LNN_3MNTH_AVG_ANOMALY 열만 남기고, 나머지 열들은 Ignored 칸으로 이동시킨다.

[그림 4-6] Select Columns 위젯 설정

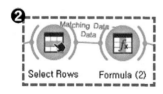

[그림 4-3]의 ❷번 상자는 엘니뇨/라니냐의 판단 기준에 영향을 미치지 않는 데이터의 전처리를 한다. 해당 위젯에 대한 설명은 다음과 같다.

　Select Rows 위젯에서는 조건에 맞는 데이터를 추출한다. 엘니뇨/라니냐 정의에 따르면 ENN_LNN_3MNTH_AVG_ANOMALY

값이 −0.5와 0.5 사이인 경우에는 엘니뇨/라니냐 판단 기준에 영향을 미치지 않는다. 이 조건에 맞는 데이터를 추출하여, 이후에 나올 Formula 위젯으로 전처리할 예정이다. 위젯 설정은 [그림 4-7]과 같으며, ENN_LNN_3MNTH_AVG_ANOMALY 열을 선택한 뒤 is between 옵션을 선택하고, −0.5와 0.5를 입력한다.

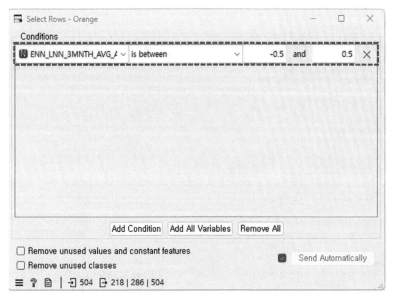

[그림 4-7] Select Rows 위젯 설정

Formula 위젯을 사용하여 엘니뇨/라니냐 열을 생성한다. −0.5에서 0.5 사이에 위치해 엘니뇨/라니냐 시기 판단에 영향을 미치지 않는 ENN_LNN_3MNTH_AVG_ANOMALY 값을 0으로 설정한다. 위젯 설정은 [그림 4-8]과 같다. ❶ 새로운 변수 생성을 위해 New 버튼을 누른다. ❷ 수치형 데이터 변수이기 때문에 Numeric 버튼을 누른다. ❸ 변수명을 엘니뇨/라니냐로 지정한다. ❹ 0을 입력한다. ❺ Send 버튼을 눌러 변수를 생성한다.

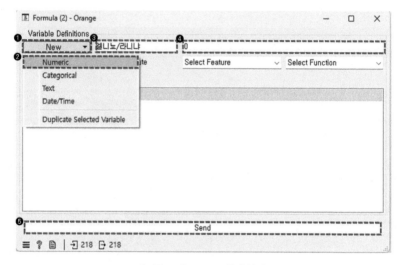

[그림 4-8] Formula 위젯 설정

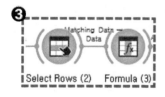

[그림 4-3]의 ❸번 상자는 엘니뇨/라니냐의 판단 기준에 영향을 미치는 데이터의 전처리를 하며, 해당 위젯에 대한 설명은 다음과 같다.

Select Rows 위젯의 설정은 [그림 4-9]와 같으며, ENN_LNN_3MNTH_AVG_ANOMALY 값이 -0.5 미만이거나 0.5 초과인 데이터를 추출한다. 이러한 데이터는 엘니뇨/라니냐의 판단 기준에

영향을 미치기 때문이다. ENN_LNN_3MNTH_AVG_ANOMALY 열
을 선택한 뒤 is outside 옵션을 선택하고, -0.5와 0.5를 입력한다.

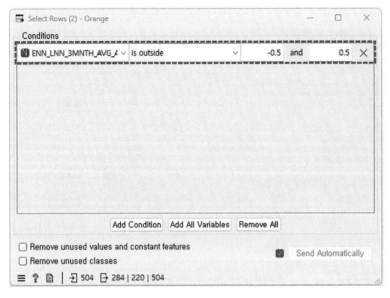

[그림 4-9] Select Rows 위젯 설정

Formula 위젯을 사용하여 [그림 4-10]과 같이 설정한다. ❶
New 버튼을 누른다. ❷ 수치형 데이터 변수이므로 Numeric 버튼
을 선택한다. ❸ 변수명을 엘니뇨/라니냐로 지정한다. ❹ ENN_
LNN_3MNTH_AVG_ANOMALY를 입력한다. ❺ Send 버튼을 눌러
변수를 생성한다.

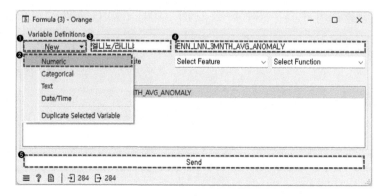

[그림 4-10] Formula 위젯 설정

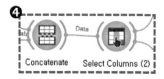

[그림 4-3]의 ❹번 상자는 나누어진 엘니뇨/라니냐 변수의 데이터를 합치고 시각화를 위한 전처리를 한다.

Concatenate 위젯에서는 두 데이터를 행 방향으로 합쳐 하나의 데이터로 만든다. 나누어진 엘니뇨/라니냐 변수의 데이터들을 하나의 엘니뇨/라니냐 변수로 합치는 것이 목적이다. 위젯 설정은 [그림 4-11]과 같다. ❶ only variables that appear in all tables (모든 테이블에 나타난 변수만 합치는 옵션)을 선택한다. ❷ Treat variables with the same name as the same variable, even if they are computed using different formulae (같은 이름의 변수를 다른 수식을 사용하여 계산하더라도 같은 변수로 취급 옵션)을 체크한다. 이 옵션은 모든 입력 테이블에서 같은 이름의 열을 같은 열로 간주한다.

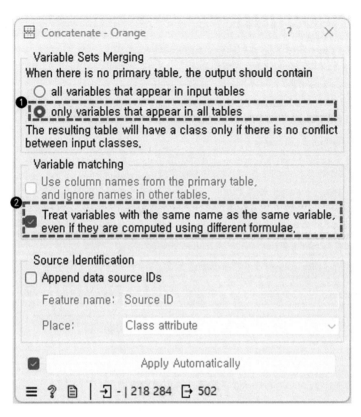

[그림 4-11] Concatenate 위젯 설정

Select Columns 위젯을 사용하여 시각화에 필요한 열만 추출한다. 위젯 설정은 [그림 4-12]와 같다. 관측월, 관측연도, 엘니뇨/라니냐 열을 제외하고 나머지 변수는 Ignored로 이동시킨다.

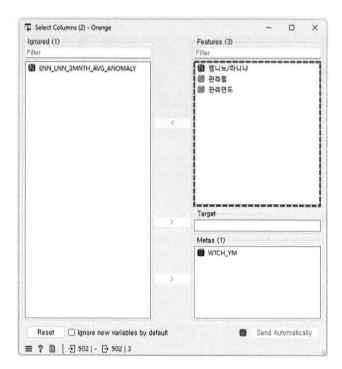

[그림 4-12] Select Columns 위젯 설정

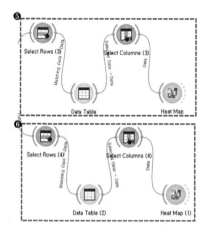

[그림 4-3]의 ❺번 상자는 나누어진 엘니뇨/라니냐 변수 중 엘
니뇨 기간을 시각화하고, ❻번 상자는 라니냐 기간을 시각화한다.

Select Rows 위젯을 사용하여 엘니뇨 기간을 살펴볼 수 있다.
기상청은 2015년 3월부터 2016년 5월까지 강한 엘니뇨로 정의했다.
위젯 설정은 [그림 4-13]과 같다. 관측연도 열을 선택한 뒤 is one of
옵션을 선택하고, 드롭다운에서 2015와 2016을 선택한다.

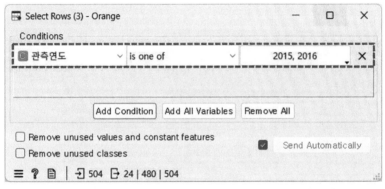

[그림 4-13] Select Rows 위젯 설정

Data Table 위젯에서는 스프레드시트 형식으로
데이터를 보여준다. 열을 클릭하면 오름차순 또는 내
림차순으로 정렬할 수 있다. WTCH_YM 열을 한 번 클
릭하여 오름차순으로 정렬하고, [그림 4-14]에서 정렬된 것을 확인
할 수 있다.

	WTCH_YM	엘니뇨/라니냐	관측월	관측연도
6	201501	0	01	2015
7	201502	0	02	2015
8	201503	0	03	2015
9	201504	0	04	2015
10	201505	0	05	2015
11	201506	0	06	2015
12	201507	0	07	2015
13	201508	0	08	2015
14	201509	0	09	2015
15	201510	0	10	2015
16	201511	0	11	2015
17	201512	0	12	2015
18	201601	0	01	2016
19	201602	0	02	2016
20	201603	0	03	2016
21	201604	0	04	2016
1	201605	0	05	2016
2	201606	0	06	2016
3	201607	0	07	2016
4	201608	0	08	2016
22	201609	0	09	2016
23	201610	0	10	2016
24	201611	0	11	2016
5	201612	0	12	2016

[그림 4-14] Data Table 위젯 설정

Heat Map 위젯은 Numeric 변수만을 사용하여 시각화하므로 categorical 변수인 관측월과 관측연도 변수를 Select Columns 위젯을 사용하여 Ignored로 이동시킨다. 위젯 설정은 [그림 4-15]와 같다.

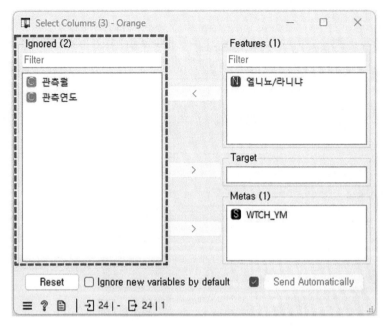

[그림 4-15] Select Columns 위젯

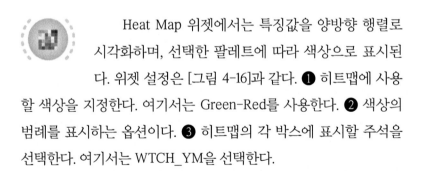

Heat Map 위젯에서는 특징값을 양방향 행렬로 시각화하며, 선택한 팔레트에 따라 색상으로 표시된다. 위젯 설정은 [그림 4-16]과 같다. ❶ 히트맵에 사용할 색상을 지정한다. 여기서는 Green-Red를 사용한다. ❷ 색상의 범례를 표시하는 옵션이다. ❸ 히트맵의 각 박스에 표시할 주석을 선택한다. 여기서는 WTCH_YM을 선택한다.

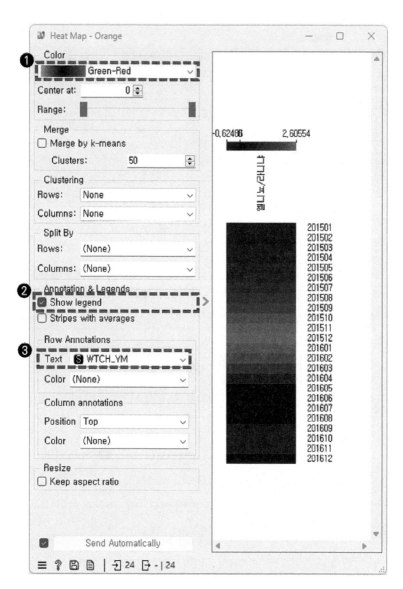

[그림 4-16] Heat Map 위젯 설정

[그림 4-3]의 ❻번 상자에서 Select Rows 위젯을 선택할 때, [그림 4-17]과 같이 2010, 2011, 2012로 설정하면 라니냐 기간의 히트맵을 볼 수 있다. 나머지 위젯은 [그림 4-3]의 ❺번 상자의 Data Table, Select Columns, Heat Map 위젯과 동일하게 설정하면 된다.

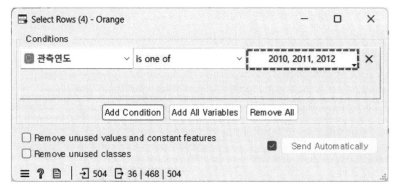

[그림 4-17] 라니냐 기간 Select Rows 위젯 설정

Chapter 5

비지도학습의

기초

Grades for English

and Math 데이터

5.1 데이터 설명

    〈표 5-1〉에 나타나는 Grade 데이터는 한 학교 학생들의 영어와 수학 성적을 표로 나타낸 것이다. 각 학생에게 성적을 기반으로 등급을 부여할 때, 한 과목의 성적만을 기준으로 삼는다면 성적 순으로 등급을 나누는 것이 비교적 간단하다. 그러나 Grade 데이터처럼 과목이 2개 이상일 경우, 각 과목의 점수 분포가 다르기 때문에 등급을 선정하는 기준을 정하기가 어려울 수 있다.

〈표 5-1〉 Grades for English and Math 데이터

학생성명	영어	수학
Bill	91.0	89.0
Cynthia	51.0	100.0
Demi	9.0	61.0
Fred	49.0	92.0
George	91.0	49.0
Ian	91.0	82.0
Jena	39.0	99.0
Katherine	20.0	71.0
Lea	90.0	45.0
Maya	100.0	32.0
Nash	14.0	61.0
Phill	85.0	45.0

〈표 5-1〉에 나타나는 성적을 살펴보면, 두 과목에서 모두 만점을 받은 학생은 없으며, 최저점은 영어 9점, 수학 32점이다. 평균 성적은 영어 60.8점, 수학 68.8점으로, 두 과목 간 점수 분포가 다소 차이가 있다. 이러한 점수 차이로 인해 두 과목을 종합적으로 고려하여 학생들에게 하나의 등급을 부여할 기준을 결정하기가 쉽지 않다. 이를 해결하기 위해 머신러닝 기법을 활용하면, 각 학생의 영어와 수학 성적을 적절히 결합해 더 공정하고 객관적인 종합 등급을 부여하는 방법을 모색할 수 있다.

5.2 비지도학습의 기초

머신러닝 기법은 정답의 제공 여부에 따라 지도학습과 비지도학습으로 나눌 수 있다. 지도학습은 정답을 알고 있는 상태에서 컴퓨터에 정답을 제공하고, 입력 데이터와 출력 데이터를 바탕으로 패턴을 학습한 뒤 새로운 데이터에 대해 적절한 정답을 예측하는 방식이다.

반면, 비지도학습은 정답이 없는 데이터를 입력받아 패턴을 추출하고, 그 패턴에 맞게 데이터를 분류하는 군집화(Clustering)나 시각화 등을 통해 데이터를 변형시켜 사람이 새로운 통찰을 얻을 수 있도록 돕는다.

본 챕터에서는 비지도학습 기법 중 대표적인 K-means를 사용

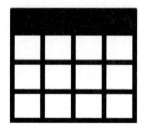

**정답을 주고 정답에 상응하는
출력을 만드는 데에 집중**

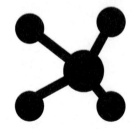

**정답을 주지 않고 특징만으로
데이터 군집화(Clustering)에 집중**

[그림 5-1] 지도학습과 비지도학습이 비교

해 군집화 및 시각화를 수행할 것이다. K-means 기법은 데이터를 군집으로 나누는 방법으로, 주어진 데이터에서 K개의 중심점을 설정하고 각 데이터를 가장 가까운 중심점에 할당하는 방식으로 작동한다. 이 과정은 각 군집 내의 데이터 간 유사성을 최대화하고, 군집 간 차이를 극대화하는 것을 목표로 한다.

5.3 학습/분석 결과 및 해석

[그림 5-2]은 학생 별 영어 점수를 바 차트로 나타낸 것이다. 이 학생들을 군집화한다고 하면 상위권, 중위권, 하위권 학생으로 군집화 할 수 있을 것이다.

예를 들어, 상위권 학생들을 Bill, George, Ian, Lea, Maya, Pjill, 중위권 학생들을 Cynthia, Fred, Jena, 하위권 학생들을 Demi, Katherine, Nash로 나눠볼 수 있다.

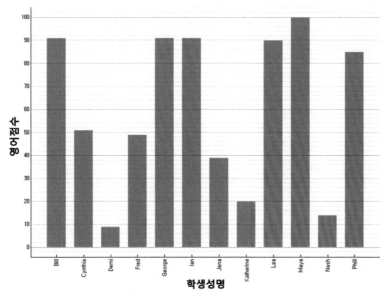

[그림 5-2] 학생 별 영어 점수

하지만, 이는 전적으로 영어 점수로만 판단한 것이며, 수학 점수 역시 고려하여 전체 Grade를 매겨야 한다. 하지만 편차가 다른 두 개 이상의 척도를 놓고 평가하는 일은 쉽지 않다.

[그림 5-3]은 학생 별 영어, 수학 점수를 산포도(Scatter Plot)로 나타낸 것이다. 이 차트로 하여금 알 수 있는 정보는 영어 점수만 높은 학생(Maya)이 존재하고, 수학 점수는 모든 학생들이 못해도 30점은 받는다는 것과, 영어 점수는 낮은데 수학 점수가 중위권인 학생들(Demi, Nash, Katherine)이 존재한다는 것을 확인할 수 있다.

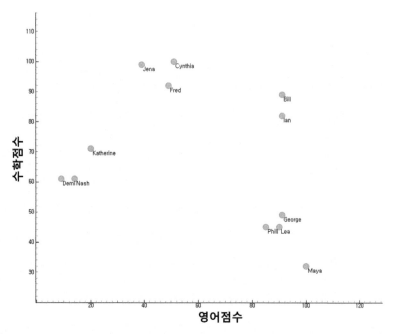

[그림 5-3] 학생별 영어, 수학 점수 산포도

[그림 5-3]의 산포도에서 성적의 분포에 따라 학생들이 나누어져 있지만, 비지도학습 방법인 K-means를 사용하면 다음과 같이 더 직관적인 형태로 학생들을 나눌 수 있다.

[그림 5-4]는 K-means를 적용하여 학생 별 점수를 산포도로 나타낸 것이다. 초기에 K-means를 바로 연결하면 기본값으로 세 개의 클러스터를 만들도록 설정되어 있는데, 이를 5로 설정한다. 왜냐하면 A, B, C, D, F의 다섯 개의 성적 그룹으로 나누는 것을 목표로 하였기 때문이다.

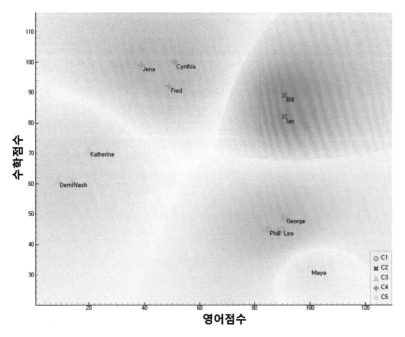

[그림 5-4] K-means를 이용한 학생별 영어, 수학 점수 산포도

다섯 개의 클러스터로 나누는 설정을 K-means 위젯에서 수행 후 산포도를 확인하면 한 눈에 모든 학생들이 어떤 그룹에 속해있는지를 확인할 수 있다.

우선 빨간색 C2 그룹에 속해있는 학생들은 A, 그리고 노 란색 C5 그룹에 있는 Maya 학생은 영어는 100점이지만 수학 점수가 약 30점으로 현저히 낮기에 낙제점인 F를 부여한다. 나머지 학생들의 성적을 부여하자면, 파란색 C1 그룹의 학생들과 주황색 C4 그룹에 속해있는 학생들에게는 B를 부여 한다. 왜냐하면 C1 그룹의 학생들은 영어성적은 높으나 수학 성적이 평균적이고, C4 그룹의 학생들은 수학 성적은 높으나 영어성적이 평균적이기에 동등한 성적을 부여하고자 판단할 수 있다. 그리고 초록색 C3 그룹의 학생들은 수학 점수가 평균적 이고 영어 점수가 평균 이하이기에 C 성적을 부여한다.

이와 같이 비지도학습을 수행할 시에 시각화된 결과 그림으로 직관적인 확인이 가능하고, 평가도 정량적으로 할 수 있다. 비지도학습은 고전적인 데이터에 접근 방법과 달리, 데이터의 새로운 특징을 찾는 것에 도움을 줄 수 있다.

5.4 오렌지 워크플로우

오렌지의 워크
플로우는 [그림 5-5]
과 같다.

❶에서 Dataset
위젯을 이용해
Grade 데이터를 가
져온다.

❷에서 데이터
값을 확인하는 Data
Table과 시각화를 수
행하는 Bar Plot 위
젯, Scatter Plot 위젯,
Distributions 위젯을 이
용해 시각화 및 데이
터 분석을 진행한다.

이후 ❸에서
Grade 데이터셋에 대
해 K- means를 이용
한 군집화를 수행하고
그 결과를 시각화한다.

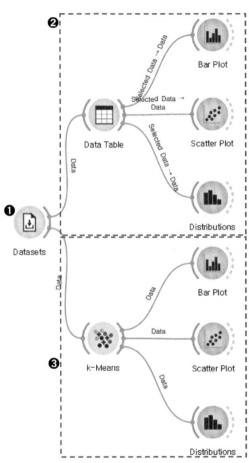

[그림 5-5] 오렌지 워크플로우

5.5 위젯 구성 설명

 Data Table 위젯은 표 형식의 데이터를 오렌지에서 분석할 수 있는 형태로 변환해주는 위젯이다.

Data Table 위젯의 설정 화면은 [그림 5-6]과 같이 나타난다. ❶은 표에 대한 정보를 보여주는 부분으로, 데이터셋이 12개의 인스턴스와 2개의 특징으로 구성됨을 확인할 수 있다.

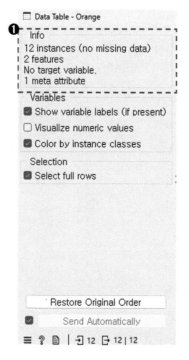

[그림 5-6] Data Table 위젯

K-Means 위젯은 K-means를 적용하는 위젯이다. K개의 클러스터로 나누는 작업을 수행하는 위젯이다.

[그림 5-7]의 ❶은 몇 개의 군집으로 클러스터링을 진행할 것인지를 설정하는 곳이다. Fixed를 선택해 고정된 개수의 군집으로 분류할 것인지, From ~ to를 선택해 일정 구간의 군집 개수 중 최적화된 개수를 자동으로 탐색하게 할지를 지정할 수 있다. 본 챕터에서는 Fixed를 이용하여 군집 개수를 5개로 고정한다. [그림 5-7]의 ❷에서는 K-Means 알고리즘을 시작할 때 군집화의 시작을 어떻게 할 것인가를 설정할 수 있다. 어떻게 설정하느냐에 따라 K-Means의 성능에 영향을 준다. 본 챕터에서는 일반적으로 많이 사용되는 KMeans++를 사용한다.

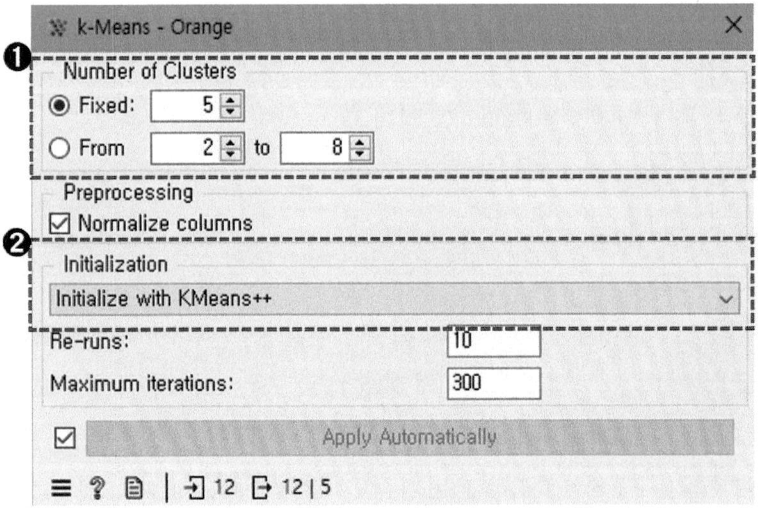

[그림 5-7] K-Means 위젯 설정

Bar Plot 위젯은 데이터를 막대 그래프를 이용해 시각화하는 위젯이다.

[그림 5-8]의 ❶에서 바 차트에 표현할 데이터의 종류와 레이블을 설정한다. 레이블은 Annotations을 이용해 설정하며, [그림 5-2]에서 각 막대의 하단에 적힌 Bill, Cynthia, Demi 등처럼 각 막대가 어떤 인스턴스인지를 알려준다. Values는 각 막대 그래프를 표현하기 위한 값을 어떤 열(특징)에서 가져올 것인지를 설정한다.

본 챕터에서는 Values를 영어점수인 English, Annotations를 학생 이름인 Student로 설정한다.

[그림 5-8] Bar Plot 위젯 설정

Scatter Plot 위젯은 산포도를 그려주는 위젯이다.

[그림 5-9]의 ❶은 산포도를 그리기 위한 주요 설정들이 포함된 구역이다. Axis x와 Axis y는 산포도의 x축과 y축을 결정하며, 각각 영어점수인 English와 수학점수인 Algebra로 설정한다.

Attributes의 Color 및 Shape는 데이터에 그룹이 존재할 때, 각 산포도 점의 모양 및 색상을 그룹별로 다르게 표현해주는 기능이다. K-means를 통해 군집화가 수행되었으므로 Cluster를 선택하여 각 클러스터별로 다르게 시각화되도록 설정한다. Label은 각 산포도 점에 이름 등을 표기해주는 기능으로, 학생이름인 Student로 설정한다.

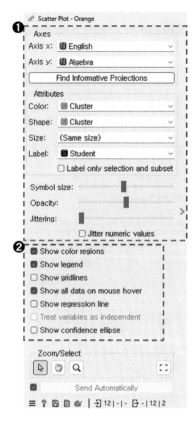

[그림 5-9]의 ❷에서 부가 설정을 할 수 있다. Show color regions는 색깔 영역을 표현할 수 있도록 하는 설정이다. 결과 화면의 빨강, 파랑 등등의 색깔 영역을 보기 위해서는 이 설정

[그림 5-9] Scatter Plot 위젯 설정

을 활성화 하여야 한다. Show legend는 결과 화면 우측 하단에 표현되는 Legend를 활성화 할 것인지를 묻는 설정이다. Legend란 각 아이콘이 어떤 군집에 속해있는 아이콘인지를 알려주는 메타데이터이다.

Distributions 위젯은 데이터의 분포를 보여주는 위젯이다. [그림 5-10]의 ❶에서 어떤 feature에 대한 분포를 시각화할지 설정할 수 있다. 예를 들어, English 를 선택하면 각 영어 성적 별로 얼마나 많은 학생들이 분포해있는지 확인할 수 있다. Algebra를 선택하면 각 수학 성적 별로 얼마나 많은 학생들이 분포해있는지를 볼 수 있다.

본 챕터에서는 K-means로 분류된 군집들의 분포를 확인하기 위해 Cluster를 선택한다.

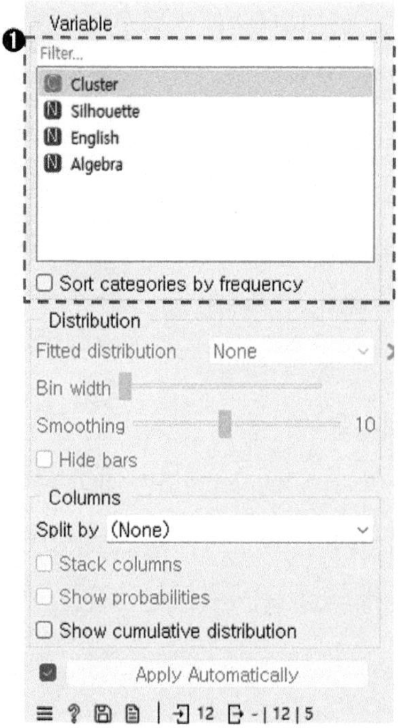

[그림 5-10] Distributions 위젯 설정

Chapter 6

비지도학습

해빙두께

데이터

6.1 데이터 설명

북극은 지구의 최북단에 위치한 광활한 지역으로, 독특한 기후와 생태계를 자랑한다. 이곳은 수백만 제곱킬로미터에 걸쳐 펼쳐진 얼음 바다로 덮여 있으며, 이 얼음을 해빙(海氷)이라고 부른다. 북극의 해빙은 지구의 열 균형을 조절하며, 지구 온난화의 직접적인 지표가 된다. 해빙두께는 계절적 변화와 기후 변동성을 반영하는 중요한 지표로, 특히 최근 수십 년간 온난화의 영향으로 큰 주목을 받고 있다. 일반적으로 해빙두께는 겨울에 두꺼워지고 여름에는 얇아지는 것으로 알려져 있다. 실제 관측된 데이터도 그러한지 오렌지의 비지도 학습 기능을 활용해 확인할 것이다.

[그림 6-1] OCPC 월별 해빙두께 데이터셋

분석을 위해 연안 빅데이터 플랫폼의 OCPC 월별 해빙두께 데이터셋을 사용한다. 해빙두께 데이터셋은 1981년~2023년의 북극 해빙의 월별 해빙두께, 편차, 1981년~2010년의 평년평균 및 평년표준편차를 정리한 연안 데이터셋이다. 이 데이터셋을 비지도 학습으로 분류하여 월별로 해빙두께에 차이가 있는지 알아본다. 자료는 연안 빅데이터 플랫폼 사이트에서 OCPC 월별 해빙두께 분석 정보라 검색 후 무료로 다운로드 받을 수 있다.

해빙두께 데이터셋은 csv 파일로 제공되며, 본 챕터에서는 2024년 07월 해빙두께 파일을 다운받아 사용한다. 해당 데이터 파일에는 2024년 6월까지의 데이터가 포함되어 있다. 각 데이터에는 5개의 변수가 포함되며, 그 구성은 〈표 6-1〉과 같다. 첫 번째 변수인 WTCH_YM는 데이터의 관측연월이 년도 4자리와 월 2자리가 이어진 형태의 문자열로 작성되어 있다. 변수 ACTC_MNTH_AVG_VAL은 해빙두께의 월평균값으로 비지도 학습을 통해 클러스터링하기 위한 주요 특징에 해당한다. 변수 ACTC_NMYR_AVG는 1981년~2010년의 월별 평균값을 나타내며, 보조 특징으로 사용한다. 변수 ACTC_NMYR_STDDEV_VAL은 1981년~2010년의 월별 평균 표준편차로, 본 챕터에서는 학습에 사용하지 않는다. 변수 UOM_NM는 각 변수 값의 단위를 나타내며, 모든 행이 m으로 각 데이터가 미터 단위임을 나타낸다.

〈표 6-1〉 OCPC 월별 해빙두께 분석 정보 데이터셋의 변수

변수	설명
WTCH_YM	관측연월
ACTC_MNTH_AVG_VAL	북극월평균값
ACTC_NMYR_AVG	북극평년평균
ACTC_NMYR_STDDEV_VAL	북극평년표준편차값
UOM_NM	단위명

6.2 학습/분석 결과 및 해석

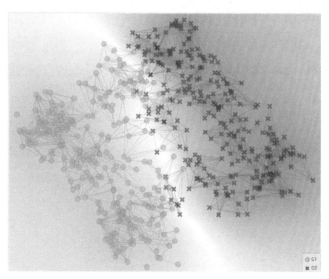

[그림 6-2] 해빙두께 데이터를 K-means를 이용해 클러스터링한 결과

비지도 학습 중 하나인 K-Means를 이용해 클러스터링을 수행하면 [그림 6-2]와 같은 결과를 얻을 수 있다. 해빙두께 데이터가 K-Means를 통해 두 개의 클러스터(C1, C2)로 분할되었으며, 각 클러스터는 파란색과 빨간색으로 이미지에서 표시된다. 두 개의 주요 클러스터의 위치가 같은 색상끼리는 가깝고 다른 색상과는 경계가 명확히 나뉜 것을 확인할 수 있다. 이는 각 클러스터 내의 데이터는 비교적 유사한 특성을 가지지만, 클러스터 간에는 뚜렷한 차이가 있음을 나타낸다.

각 월별로 데이터가 어떤 클러스터에 많이 분류되었는지 알아

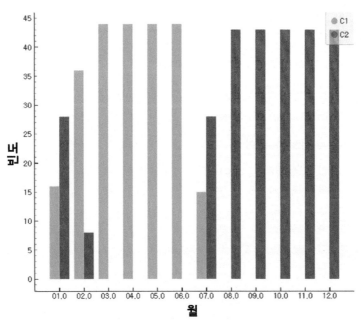

[그림 6-3] 월별 클러스터 분포도

보기 위해 히스토그램을 그리면 [그림 6-3]과 같은 결과를 얻을 수 있다. 1년 중 2~6월 구간은 주로 C1에 속하는 반면, 8~12월 구간은 주로 C2에 속한다. 1월과 7월은 두 클러스터가 혼재되어 있어, 경계선에 해당하는 월임을 나타낸다. 분포도를 보면, 상반기(C1)에는 겨울을 지나면서 두께가 두꺼워진 상태로 볼 수 있고, 하반기(C2)에는 여름을 지나면서 두께가 얇아져 C2로 분류가 되었다고 해석할 수 있다.

6.3 오렌지 워크플로우

　　[그림 6-4]은 6.3절의 해빙두께 데이터 전처리 및 클러스터링, 시각화를 수행하는 오렌지3 위젯 워크플로우다. CSV File Import에서 데이터를 불러온 후, ❶데이터에서 사용할 데이터를 선택하고, 특징을 수정하는 등의 전처리를 수행하고, ❷K-Means를 이용해 클러스터링을 수행하고 데이터 시각화를 수행한다.

[그림 6-4] 해빙두께 데이터 워크플로우

6.4 위젯 구성 설명

　　　　Edit Domain 위젯은 해빙두께 데이터셋의 관측연월에 해당하는 WTCH_YM을 숫자가 아니라 문자열로 명시적으로 바꿔주기 위해 사용한다. 관측연월에서 연도 정보를 제거하고 월 정보만 추출해야 하는데, 이 작업을 위해서

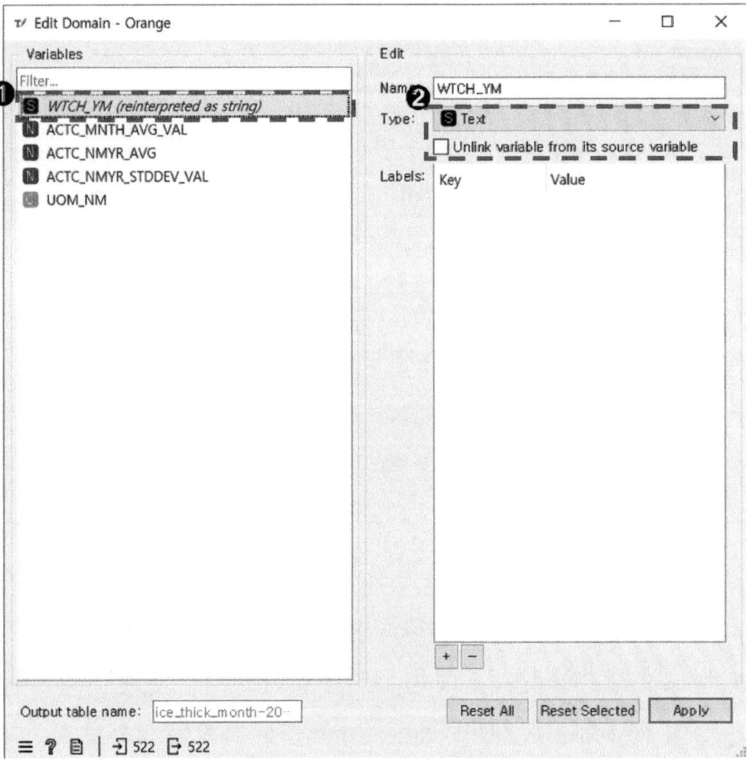

[그림 6-5] Edit Domain 위젯 설정

는 숫자가 아닌 문자열로 처리해야 하기 때문이다. CSV File Import 와 Edit Domain 위젯을 연결하고, Edit Domain 위젯을 더블클릭 하면 [그림 6-5]과 같은 설정을 수정할 수 있다. 설정 화면의 좌측 Variables 중에서 WTCH_YM를 클릭하고, 우측 Edit란에서 Type을 Numeric에서 Text로 변경한다. 변경한 이후에는 우하단의 Apply를 눌러 적용해주면 오렌지가 WTCH_YM를 숫자가 아닌 문자열로 인식하게 된다.

Formula 위젯은 새로운 특징(Feature)를 추가하기 위해 사용하는 위젯으로, 기존 데이터셋의 특징들에서 사용자가 정의한 연산을 따라 새로운 특징을 추출한다. WTCH_YM에서 월 정보만 추출해서 새로운 특징을 만들기 위해, Edit Domain과 Formula위젯을 연결하고 클릭하여 설정을 [그림 6-6]와 같이 수정한다. ❶New 버튼을 누르고, Categorical을 선택해 새로운 특징(변수)를 범주형으로 생성한다. ❷번 공란에는 새로 생성된 특징의 이름을 입력할 수 있다. 새로운 특징은 월 정보를 가질 것이므로, Month라고 명명한다. ❸번 공란에는 새로운 특징을 추출하기 위한 연산을 작성해야 한다. WTCH_YM[4:]이라 작성한다. 해당 연산은 WTCH_YM의 4번째 글자 이전을 제거하겠다는 의미로, 연도 정보가 4번째 글자까지이고 5번째 글자부터는 월 정보이므로 연도 정보만 제거될 것이다. 모든 처리가 끝나고 나면, ❹번 Send 버튼을 눌러 적용해주자. 데이터셋에 Month라는 특징이 생성될 것이다.

[그림 6-6] Formula 위젯 설정

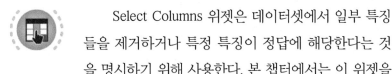Select Columns 위젯은 데이터셋에서 일부 특징들을 제거하거나 특정 특징이 정답에 해당한다는 것을 명시하기 위해 사용한다. 본 챕터에서는 이 위젯을 이용해 모든 값이 m이어서 분석할 수 없는 UOM_NM 특징과 평년 표준편차에 해당하는 ACTC_NMYR_STDDEV_VAL 특징을 제거할 것이다. 위젯 설정에서는 각 특징들을 드래그하여 옮길 수 있으며, ❶에 있는 특징들은 Ignored로 이 위젯 이후로는 제거되어 분석하거나 시각화에 활용할 수 없게된다. ❷에 있는 특징들은 분석하

기 위해 사용하겠다는 뜻으로, 비지도 학습 등에서 분석 대상이 된다. ❸에 있는 특징은 지도 학습 등에서 정답으로 사용하는 용도로 비지도 학습에선 없어도 되지만, 일부 시각화 위젯에서 필요하다. 본 챕터에서도 Month를 정답으로 사용한다. ❹는 메타정보로 분석 대상은 아니지만, 각 데이터 행을 구분하기 위해 각 행마다 유일한 WTCH_YM을 메타정보로 사용한다.

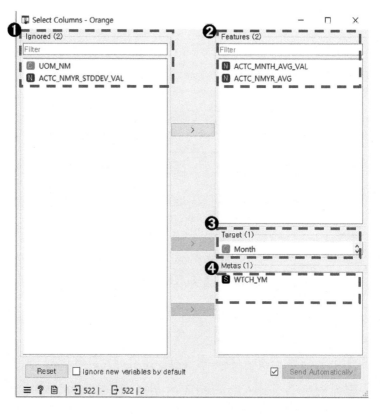

[그림 6-7] Select Columns 위젯 설정

비지도 학습을 위한 전처리가 끝났으므로, 비지도 학습 알고리즘 중 대표적인 K-Means를 이용해 여러개의 클러스터(군집)으로 데이터를 분류할 것이다. Select Columns와 K-Means 위젯을 연결하면 자동으로 K-Means 클러스터링이 수행된다. 기본적으로 고정된 개수의 군집(3개)로 분류하지만, 자동으로 최적의 군집 개수를 찾도록 설정을 바꿀 수도 있다. [그림 6-8]과 같이 위젯 설정에서 Number of Cluster를 Fixed에서 From으로 변경하면, 군집 개수를 의미하는 K를 2부터 8까지 모두 수행하고 Silhouette Score를 계산하여 가장 높은 점수가 나온 K를 자동 선택한다. 이제 클러스터링 결과를 확인하기 위해 MDS 위젯 또는 Distribution 위젯을 사용해보자.

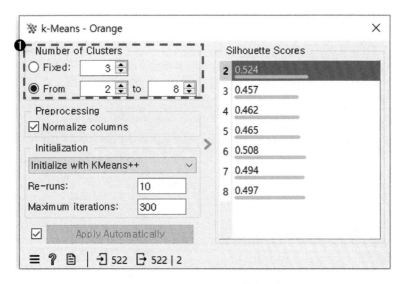

[그림 6-8] Select Columns 위젯 설정

MDS 위젯
은 고차원 데이터
의 패턴을 저차원
공간(2D)에 시각화해서 표현하
는 작업을 수행한다. 클러스터
링 결과를 MDS 위젯과 연결하
면 저차원에 매핑된 데이터 포
인트들을 확인할 수 있으며, 각
포인트를 클러스터별로 다른
색깔로 표기할 수 있다. MDS 위
젯이 자동으로 시각화를 수행
해주긴 하지만, 클러스터별로
관찰하려면 초기 옵션을 바꿔
주어야 한다. [그림 6-9]와 같이
Attributes의 Color와 Shape를
Cluster로 선택하면 시각화 결
과가 클러스터별로 색상 및 모
양이 구분된다.

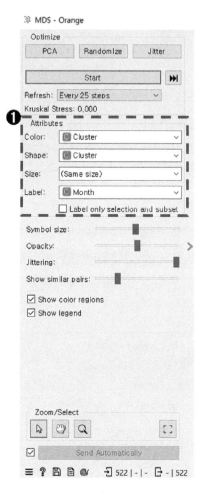

[그림 6-9] MDS 위젯 설정

Distributions 위젯은 데이터셋을 지정한 기준에 따라, 분포도를 시각화하는 위젯이다. 본 챕터에서는 월 정보에 해당하는 Month를 기준으로, 각 클러스터의 비율을 시각화할 것이다.

Distributions 위젯은 [그림 6-10]과 같이 설정한다. 분포도의 기준인 ❶Variable은 Month로 설정하고, ❷ Columns를 Cluster로 설정하면 월별 분포도가 나타난다.

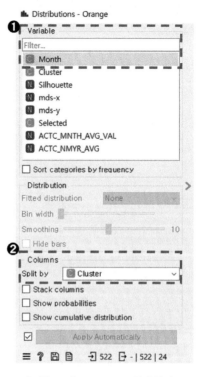

[그림 6-10] Distributions 위젯 설정

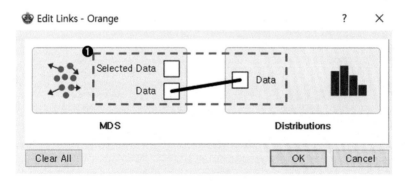

[그림 6-11] MDS 위젯과 Distributions 위젯의 연결 설정

MDS 위젯과 Distribu-tions 위젯은 Data와 Data가 연결되도록 설정해야 한다. 두 위젯 사이에 있는 선을 더블클릭하고, Data와 Data를 잇도록 다시 이어주면 된다[그림 6-11].

Chapter 7

지도학습의

—

기초

—

타이타닉

7.1 데이터 설명

    RMS 타이타닉(RMS Titanic)은 1912년 4월 15일 대서양에서 빙산과 충돌하여 침몰한 영국의 대형 선박으로, 최신 기술과 최고급 시설을 갖추고 있었으며, '침몰하지 않는 배'라는 명성을 가지고 있었던 당시 세계 최대 규모의 여객선이었다.

    당시 타이타닉의 침몰은 전 세계에 큰 충격을 주었으며, 많은 사람에게 믿기 어려운 비극으로 다가왔다. 타이타닉호의 침몰은 현대에 이르기까지 문학, 영화, 역사 연구 등 다양한 분야에서 지속적으로 조명되고 있다. 그중 하나가 바로 캐글에서 제공되는 타이타닉 데이터셋이다.

[그림 7-1] RMS 타이타닉(출처 : 위키피디아)

타이타닉 데이터셋(Titanic Dataset)은 침몰한 RMS 타이타닉호의 승객 정보를 포함하고 있는 데이터셋이다. 이는 승객들의 생존 여부와 관련된 다양한 정보를 담고 있어, 데이터 분석 및 머신러닝 알고리즘 학습에 자주 활용된다. 주요 변수로는 승객의 생존 여부(Survived), 좌석 등급(Pclass), 이름(Name), 성별(Sex), 나이(Age), 형제 자매 또는 배우자의 수(SibSp), 부모 또는 자녀의 수(Parch), 티켓 번호(Ticket), 승객이 지불한 요금(Fare), 선실 번호(Cabin), 승선한 항구(Embarked) 등이 있다.

타이타닉 데이터셋은 머신러닝의 이진분류 문제를 다루기에 적합하며, 간편하게 다양한 알고리즘을 적용해볼 수 있어, 초심자가 데이터 분석과 머신러닝 기술을 연습하고 학습하는 데에 유익하다. 또한, 타이타닉 데이터셋은 수치형 데이터, 범주형 데이터 등의 다양한 데이터를 포함하여 결측치 처리 등의 데이터 전처리 기술도

[그림 7-2] 캐글의 타이타닉 훈련 데이터

함께 연습해 볼 수 있다.

이 장에서는 오렌지를 사용하여 타이타닉 데이터셋을 분석하고, 생존자 예측 모델을 학습 및 분석한다.

7.2 지도학습의 기초

지도학습은 머신러닝에서 가장 널리 사용되는 학습 방법 중 하나로, 주어진 입력 데이터와 그에 대응하는 정답을 통해 모델을 학습시켜 새로운 데이터를 예측한다. 지도학습은 응용 가능성이 넓어, 다양한 산업 및 학문 분야에서 활용된다. 예를 들어, 회귀(regression)는 주로 연속적인 값을 예측할 때 사용되며, 주택 가격 예측, 주가 예측, 기후 데이터 분석 등에서 자주 사용된다. 반면, 분류(classification)는 이산적인 범주에 데이터를 분류하는 문제로, 이메일 스팸 필터링, 이미지 인식, 질병 진단 등의 분야에서 중요한 역할을 한다.

지도학습을 사용하는 알고리즘으로는 선형 회귀(linear regression), 로지스틱 회귀(logistic regression), 서포트 벡터 머신(SVM), 의사결정 나무(decision tree), 그리고 랜덤 포레스트(random forest) 등이 있다. 회귀와 분류 문제는 각각 다른 성격을 지니고 있어, 문제의 특성에 따라 적합한 알고리즘을 선택해야 한다.

또한, 지도학습 모델의 성능은 학습 데이터의 품질과 양이 중요하며, 과적합(overfitting)을 방지하고 일반화 성능을 높이기 위해 교차 검증(cross-validation)과 정규화(regularization) 등의 방법을 사용한다.

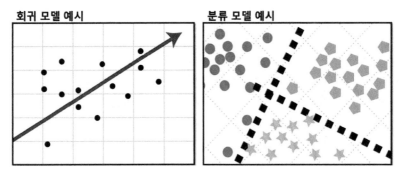

[그림 7-3] 간단한 회귀 및 분류 모델 예시

1) 회귀 (Regression)

회귀 분석은 연속적인 값을 예측하는 문제에 사용하며, 이를 통해 다양한 현실 세계의 문제를 해결한다. 회귀 문제는 주어진 입력 변수(특성)와 출력 변수(목표 값) 사이의 관계를 모델링하여 새로운 데이터가 주어졌을 때 예측을 수행하는 것이다.

선형 회귀(Linear Regression)는 이러한 관계를 직선으로 모델링하는 가장 기본적인 방법 중 하나다. 이때, 단순 선형 회귀(Simple Linear Regression)는 하나의 입력 변수와 출력 변수 사이의 관계를 설명하며, 다중 선형 회귀(Multiple Linear Regression)는 여러 개의 입력 변수들이 출력 변수에 미치는 영향을 동시에 분석한다. 예를 들어, 집값을 예측할 때 집의 크기뿐만 아니라, 위치, 방의 개수, 연식 등 여러 변수를 함께 고려하여 다중 선형 회귀 모델을 만들 수 있다.

그러나 선형 회귀 모델이 모든 문제에 적합한 것은 아니다. 릿지 회귀(Ridge Regression)와 라쏘 회귀(Lasso Regression)는 선형 회귀의 다른 형태로, 모델의 복잡도를 조절하여 과적합(overfitting)을 방지하는 데 사용한다. 릿지 회귀는 비용 함수에 정규화 항을 추가해 회귀 계수를 작게 만드는 방식으로, 다중공선성 문제가 발생할 수 있는 상황에서 성능을 개선한다. 라쏘 회귀는 릿지 회귀와 유사하지만, 일부 회귀 계수를 0으로 만들어 자동으로 변수 선택(feature selection)을 수행하는 특징이 있다.

이러한 다양한 회귀 기법들은 문제의 특성에 따라 선택되며, 데이터의 분포나 특성 수에 따라 성능이 달라질 수 있다.

2) 분류 (Classification)

분류는 주어진 입력 데이터를 여러 카테고리로 나누는 방법이며, 이진 분류와 다중 분류로 나뉜다. 이진 분류는 두 가지 범주로 데이터를 분류하는 문제로, 예를 들어 이메일이 스팸인지 아닌지를 분류하는 작업이다. 반면, 다중 클래스 분류는 여러 클래스 중 하나를 예측하는 문제로, 예를 들어 이미지에서 다양한 동물 종류(개, 고양이, 새 등)를 분류하는 문제가 있다.

분류 모델은 입력 데이터의 특징(feature)과 그에 대응하는 레이블(label)로 학습한다. 이 과정에서 모델은 입력 데이터와 각 클래스 사이의 패턴을 학습하며, 이를 바탕으로 새로운 데이터의 클래스를 예측한다. k-최근접 이웃(k-Nearest Neighbors, k-NN)과 같은 간단한 분류 알고리즘부터, 로지스틱 회귀(Logistic Regression), 서포트 벡터 머신 (SVM), 결정 트리(Decision Tree), 랜덤 포레스트(Random Forest), 인공 신 경망(Artificial Neural Networks)과 같은 복잡한 알고리즘에 이르기까지 다양한 분류 기법이 있다.

k-최근접 이웃(k-NN): 이 방법은 새로운 데이터 포인트가 입력 되었을 때, 가장 가까운 k개의 데이터 포인트를 찾아 이들의 클래스 를 참조하여 새로운 데이터를 분류한다. 단순하지만 계산 비용이 높 을 수 있으며, 특히 데이터 포인트가 많을 경우 성능이 저하될 수 있 다. 그럼에도 불구하고, 직관적이고 구현이 쉬워 널리 사용된다.

로지스틱 회귀(Logistic Regression): 선형 회귀와 비슷하지만, 출력 값이 연속적인 값이 아니라 0과 1 사이의 확률값으로 제한된다. 이 를 통해 이진 분류 문제를 해결할 수 있으며, 여러 클래스에 대해 확 장하는 방식으로 다중 클래스 분류에도 적용된다.

서포트 벡터 머신(SVM): SVM은 두 클래스 간의 경계를 가장 잘 구분하는 초평면을 찾아내어 데이터를 분류한다. 특히, 고차원 공간 에서도 잘 동작하여 복잡한 데이터 분포를 처리할 수 있다.

결정 트리(Decision Tree)와 랜덤 포레스트(Random Forest): 결정 트 리는 데이터를 트리 구조로 분류하며, 각 노드에서 입력 데이터의 특정 특징에 대한 조건을 기준으로 분류 결정을 내린다. 랜덤 포레 스트는 여러 결정 트리의 결과를 종합해 예측 성능을 향상시키는 앙상블 학습 방법이다.

인공 신경망(Artificial Neural Networks): 딥러닝의 기본 요소로, 여 러 계층을 통과하며 비선형적인 패턴을 학습할 수 있는 모델이다.

대규모의 데이터에서 특히 뛰어난 성능을 발휘하며, 이미지나 음성 인식 등 다양한 분야에서 사용된다.

분류 모델은 데이터의 특성과 문제의 성격에 따라 선택되며, 각 모델은 고유의 장단점을 가지고 있다. 예를 들어, k-NN은 구현이 간단하지만 대규모 데이터에서 속도가 느릴 수 있으며, 로지스틱 회귀는 해석이 쉬운 반면 복잡한 비선형 문제에서는 한계가 있을 수 있다.

7.3 생존자 예측 결과

오렌지는 Data Table 위젯을 통해 데이터셋에 관한 간단한 정보를 분석할 수 있다. [그림 7-4]의 ❶을 보면 현재 데이터셋의 기본적인 정보를 볼 수 있다. 이 데이터셋은 총 891명에 대한 데이터가 있고 각 사람당 9개의 features(특징)와 3개의 meta attributes(메타 속성)를 가지고 있음을 알 수 있다. 그중 2.2%의 missing data는 결측치 또는 결측값이라고 하며 해당 데이터가 존재하지 않음을 나타낸다. 이 결측값은 모델에 따라 해결하지 않으면 오류를 발생시킬 수 있으므로 아예 배제하거나 임의의 값을 주는 등의 방식으로 처리하는 것이 좋다. 3개의 meta attributes는 학습에 사용되지 않고 데이터 구분에 사용되거나 텍스트 형태로 기록된 비정형 데이터다.

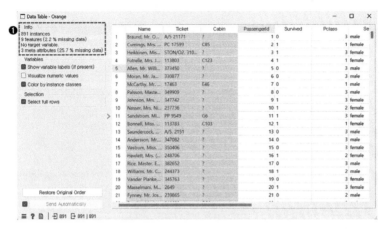

[그림 7-4] Data Table 위젯

데이터에 대해 좀 더 자세히 알아보려면 Data Info 위젯을 사용하면 된다. [그림 7-5]의 ❶을 보면 이 데이터셋의 features는 2개의 범주형(categorical) 데이터와 6개의 수치형(numeric) 데이터로 이루어져 있다. 또한 File 위젯에서 예측값으로 사용할 특징을 target으로 설정할 수 있는데, Survived로 설정 시 Survived 데이터에 관한 정보를 ❷에서 확인할 수 있다(설정 방법은 7.5에서 다룬다). Survived는 범주형 데이터이며 2개의 클래스를 가진다. 즉, 이 데이터셋은 데이터를 2개의 클래스 중 1개로 분류하는 이진분류(Binary Classification) 문제임을 알 수 있다.

[그림 7-6]은 오렌지 워크플로우를 통한 생존자 예측의 결과다(오렌지 워크플로우는 7.4에서 다룬다). ❶의 각 행은 학습에 사용된 지도학습 모델의 종류를 나타내며, ❷의 각 열은 모델의 성능을 측정하는

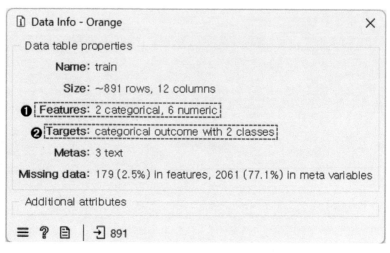

[그림 7-5] Data Info 위젯

여러가지 지표를 나타낸다. 모델의 종류에 대해서는 7.5에서 자세하게 다룰 예정이다. 모델의 성능지표의 종류는 매우 다양한데 그중 AUC는 accuracy의 약자로 정확도를 나타낸다. 정확도는 가장 직관적인 성능지표 중 하나로 전체 예측결과 중 올바르게 예측한 결과의 비율을 나타낸다.

정확도는 직관적이고 이해하기 쉬운 성능지표이지만, 데이터가 불균형한 경우에는 모델의 성능을 제대로 평가하지 못할 수 있다. 예를 들어, 전체 데이터의 95%가 한 클래스에 속하는 경우, 모델이 모든 데이터를 그 클래스에 속한다고 예측해도 정확도가 95%에 이를 수 있지만, 실제로는 중요한 분류 문제를 해결하지 못하는 것이다.

이러한 상황에서는 다른 성능 지표를 사용할 필요가 있다. F1

은 F1 score의 약자로 불균형한 데이터에서 모델의 성능을 평가할 때 유용한 지표 중 하나이다. F1은 정밀도(Precision)와 재현율(Recall)의 조화 평균을 사용하여 모델의 예측 성능을 평가한다. 즉, F1은 다음과 같이 정의된다:

$$\text{F1 score} = 2 \times \frac{\text{정밀도} \times \text{재현율}}{\text{정밀도} + \text{재현율}}$$

F1 score는 모델이 얼마나 정확하게(정밀도) 그리고 얼마나 완전하게(재현율) 예측했는지를 균형 있게 평가하여, 불균형 데이터 상황에서도 모델의 성능을 공정하게 측정할 수 있다.

❷

Model	AUC	CA	F1	Prec	Recall	MCC
❶ Logistic Regression	0.814	0.764	0.764	0.764	0.764	0.491
kNN	0.793	0.787	0.784	0.784	0.787	0.533
Random Forest	0.823	0.787	0.786	0.786	0.787	0.540
Neural Network	0.822	0.787	0.784	0.783	0.787	0.532
SVM	0.777	0.787	0.783	0.783	0.787	0.530

[그림 7-6] 생존자 예측 결과 평가

7.4 오렌지 워크플로우

    타이타닉 데이터셋의 학습과 예측을 진행하기 위한 오렌지 워크플로우는 [그림 7-7]과 같다. 이 워크플로우는 총 5개의 지도학습 모델을 이용해 데이터를 학습하고 예측값을 만들어낸다. 이 워크플로우를 단계별로 분석하면 다음과 같다. 먼저 File 위젯으로 타이타닉 데이터셋을 불러온다. 가져온 데이터는 Select Columns 위젯을 통해 학습에 필요한 데이터만 골라내어 다음으로 전달한다. 전달된 데이터는 Impute 위젯을 통해 데이터셋에서 빈 데이터, 즉 결측값을

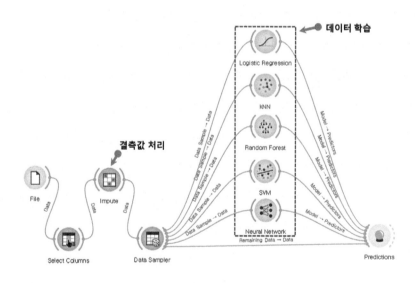

[그림 7-7] 타이타닉 워크플로우

처리하는 방법을 결정하고 이에 따라 결측값이 없는 데이터셋이 된다. 결측값 처리가 완료된 데이터셋은 Data Sampler를 통해 학습데이터와 테스트 데이터로 나뉘며 학습데이터는 각 모델 위젯으로 이동한다. 각 모델 위젯에서 데이터 학습이 진행되고, Predictions 위젯은 학습이 완료된 모델들과 테스트 데이터를 받아 예측을 진행하고 예측값과 실제값을 비교하여 성능을 측정한다.

7.5 위젯 구성 설명

먼저 File 위젯을 통해 데이터셋이 포함된 파일을 오렌지에 업로드해야 한다. 좌측의 메뉴에서 File 위젯을 드래그하여 가져오거나 빈 화면에 마우스 우클릭을 하여 파일을 가져온다. 위젯을 더블클릭하면 [그림 7-8]과 같은 화면이 나타난다. ❶의 폴더처럼 생긴 버튼을 클릭하여 train.csv파일을 선택하여 파일을 가져온다. 데이터를 가져온 후 밑의 ❷를 보면 각 데이터의 이름과 데이터 타입 그리고 역할을 알 수 있다. 그 중 Survived는 특징이 아니라 예측의 대상이므로 Survived행의 ❸번의 feature를 클릭하여 target으로 바꾸어 준다.

[그림 7-8] File 위젯

 Select Columns 위젯은 유의미한 데이터와 무의미한 데이터를 분리하는 역할을 한다. 위젯 설정을 보면 [그림 7-9]와 같은 화면이 보인다. 여기서 ❶의 Ignored 칸은 학습에 사용하지 않는 데이터를 배치하는 곳이다. Ticket, Cabin과 같은 사용하지 않는 메타데이터와 Embarked, Fare, Parch 등의 학습에 큰 영향을 미치지 않는 변수(활용할 수 있으나, 여기서는 쉬운 설명을 위해 배제한다)들을 배치한다. ❷의 Features 칸은 실제

학습에 사용될 데이터를 배치하는 곳으로 Age, Pclass, Sex의 유의미한 데이터를 배치하였다. 그리고 ❸의 Target 칸은 예측하는 데이터를 넣는 곳이므로 Survived를 배치하였다. ❹의 Metas 칸은 메타데이터를 배치하는 곳으로 학습에 영향을 끼치지 않는다. 이 예시에서는 각 데이터를 쉽게 구분하기 위해 Name을 배치하였다.

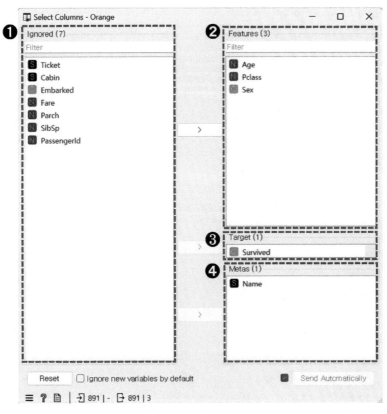

[그림 7-9] Select Columns 위젯

Impute 위젯은 결측치 처리에 사용되는 위젯이다. Age와 Pclass는 모두 결측값이 있는데 학습에 사용하는 모델에 따라 그대로 학습에 사용하면 오류가 발생할 수 있다. 따라서 이 위젯을 통해 결측값 처리를 해주는 것이 좋다. [그림 7-10]의 Impute 위젯의 ❶을 보면 위젯에서 기본적으로 결측값을 처리하는 여러 가지 방법이 주어지는 것을 알 수 있다. 밑의 ❷에서 각 항목을 클릭하면 항목별로 따로 결측치를 처리하는 방법을 선택할 수 있다. 이 예시에서는 나이는 0의 고정값을 주고 Pclass는 3의 고정값을 주어 학습을 진행하였다.

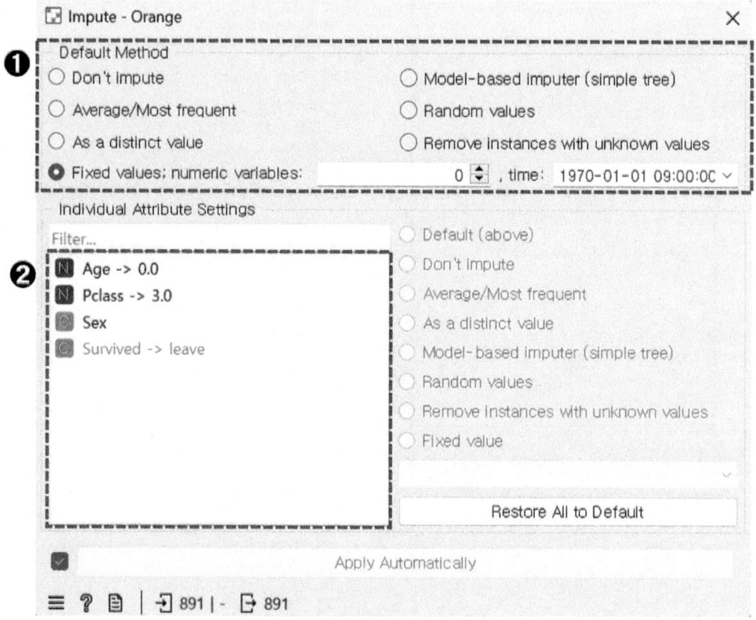

[그림 7-10] Impute 위젯

Data Sampler 위젯은 입력으로 주어진 데이터들을 무작위로 나누어 Data Sample과 Remaining Data로 나누어주는 역할을 한다. 기본적으로 Data Sampler는 데이터들을 7:3의 고정된 비율로 나누어 주며 7이 Data Sample, 3이 Remaining Data가 된다. ❶의 비율을 조정하면 해당 비율로 데이터를 나누어준다. 이 예시에서는 Data Sample을 모델 학습에 사용하고 Remaining Data를 예측과 성능평가에 사용하였다.

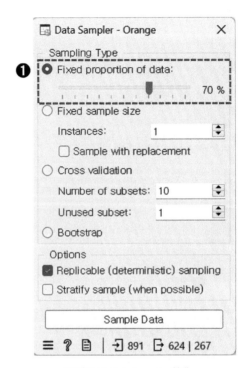

[그림 7-11] Data Sampler 위젯

 Logistic Regression 위젯은 분류 문제를 해결하기 위해 로지스틱 회귀 모델을 생성하고 평가하는 데 사용된다. 이 위젯은 설정창을 통해 모델의 생성에 영향을 미치는 옵션을 몇 가지 수정할 수 있다.

❶의 Regularization type은 학습의 과적합을 막는 방법을 선

택하는 것이다. Ridge(L2)는 계수를 0에 가깝게 축소하지만, 0으로 만들지는 않는 방법이다. 이 방법은 덜 중요한 변수의 영향을 최소화하면서 모든 변수의 영향력을 모델에 유지하려는 경우에 유용하다. Lasso(L1)는 일부 계수를 0으로 만들 수 있어 중요하지 않은 특징을 제외하는 것이 가능한

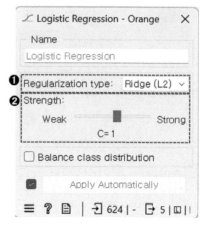

[그림 7-12] Logistic Regression 위젯

방법이다. 이 방법은 많은 예측 변수 중 일부만이 중요한 경우에 이상적이다.

❷의 Strength는 모델의 정규화에 영향을 주는 하이퍼파라미터로 C값이 높을수록 모델을 학습데이터에 최대한 맞추려고 한다. 이는 모델이 복잡해지는 결과를 만들며 학습데이터에서 훌륭한 정확도를 보인다. 다만, 모델이 너무 학습데이터에만 맞추어져서 테스트 데이터에서 낮은 정확도를 보일 수 있다. 반대로 C값이 낮으면 모델이 단순해져 학습데이터의 성능은 그리 좋지 않지만 테스트 데이터에서도 학습데이터만큼의 성능을 보일 수 있다. 이 파라미터를 잘 조정함으로써 과적합과 과소 적합 사이의 C값을 찾는 것이 중요하다.

kNN(최근접
이웃) 위젯은 데이
터 포인트를 분류
하거나 회귀 분석을 위해 kNN
알고리즘을 사용하는 도구이
다. 이 위젯은 데이터 분석가가
kNN 모델을 쉽게 구성하고 적
용할 수 있도록 도와준다.

[그림 7-13] kNN 위젯

    kNN 알고리즘은 새로
운 데이터가 들어왔을 때 사전에 학습된 데이터 중 가장 가까운 k개
가 속해 있는 클래스로 분류하는 알고리즘이다. 입력된 데이터에서
거리가 가까운 데이터들은 이웃이라 하고 데이터 분류에 몇 개의
이웃을 사용할지를 k값을 통해 정한다. k값은 오렌지에서는 ❶의
Number of neighbors로 표시되어 있다.

    거리를 측정하는 방법을 ❷의 Metric을 통해 정할 수 있다. 오
렌지에서는 4가지 방법을 제공한다. Euclidean은 데이터와 데이터
사이의 직선거리를 사용한다. Manhattan은 모든 차원 간 거리의 절
댓값의 합을 나타낸다. Maximal은 모든 차원 간 거리의 절댓값 중
가장 큰 값을 사용한다. Mahalnobis는 데이터의 분포를 고려하여 거
리를 측정하며 이상치 탐지에 자주 사용된다.

    ❸의 Weights는 거리가 다른 이웃의 영향력을 결정하는 옵션
이다. Uniform은 거리와 상관없이 모든 이웃이 같은 영향력을 가진
다. Distance는 가까운 이웃이 먼 이웃보다 큰 영향을 미친다.

Random Forest(랜덤 포레스트) 위젯은 데이터 분류 및 회귀 분석을 위해 여러 개의 결정 트리(decision tree)를 결합하여 예측 성능을 향상하고 과적합을 방지한다. 설정창에서 여러 파라미터를 수정할 수 있는데 이 책에서는 그중 몇 가지만 다루어 본다.

❶의 Number of Trees(트리의 개수)는 모델에 포함될 결정 트리의 개수를 설정한다. 일반적으로 더 많은 트리가 더 나은 성능을 제공한다.

❷의 Limit depth of individual tree(각 트리의 깊이 한계 설정)는 각 트리의 최대 깊이를 설정한다. 깊이가 깊을수록 트리가 더 복잡해지지만, 과적합의 위험이 있다.

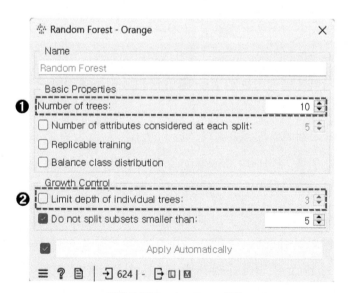

[그림 7-14] Random Forest 위젯

SVM(Support Vector Machine)은 각 클래스 값의 인스턴스 사이의 거리를 최대 마진으로 구분하는 초평면(Hyperplane)을 찾는 머신러닝 기법이다.

❶의 Kernel 옵션은 선형적으로 구분할 수 없는 데이터를 고차원 공간으로 변환하여 선형적으로 구분할 수 있도록 한다. 오렌지에서는 Linear, Polynomial, RBF, Sigmoid의 커널 함수를 지원한다.

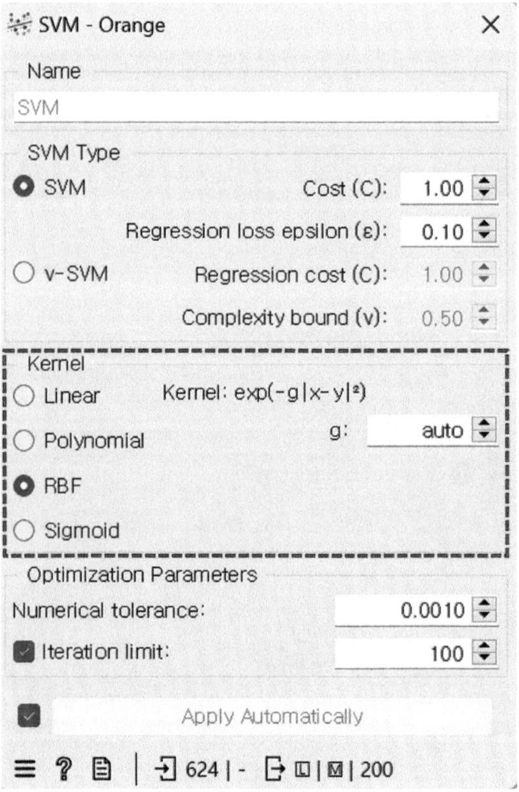

[그림 7-15] SVM 위젯

Neural Network 위젯은 인공 신경망을 사용하여 데이터 분석 및 예측 작업을 수행하는 도구이다. 신경망은 복잡한 패턴 인식을 통해 데이터의 관계를 모델링하는데 유용하다.

❶의 Neurons in hidden layers를 통해 몇 개의 은닉층이 있는지, 은닉층에 몇 개의 노드를 넣을지 설정할 수 있다. 예를 들어 2, 3, 2로 설정하면 은닉층은 총 3개이며 각각 2개, 3개, 2개의 노드를 가진다.

❷의 Maximum number of iterations는 데이터를 몇 번 학습할지를 정하는 파라미터이다. 다른 말로 epoch(에포크)라고도 하는 이 파라미터는 너무 적으면 과소 적합을, 너무 많으면 과적합을 일으키는 원인이 된다.

[그림 7-16] Neural Network 위젯

Predictions 위젯은 학습이 완료된 모델과 데이터들을 입력으로 받아 예측값을 출력하는 위젯이다. 만약 데이터들의 정답이 주어져 있다면 이와 비교하여 모델의 성능을 평가하는 지표 또한 출력한다. [그림 7-17]을 보면 이를 확인할 수 있다.

❶은 모델별 예측값을 보여준다. ❷에서 각 예측값에 해당하는 데이터를 확인할 수 있다. 예측 대상인 Survived는 정답이 주어졌을 경우 정답이 보이고, 그렇지 않으면 '?'로 채워진다. ❸은 모델별 성능지표를 정리한 것으로, 생존자 예측 결과를 평가한 것이다.

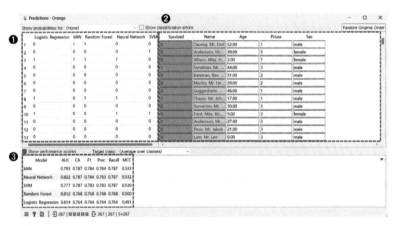

[그림 7-17] Predictions 위젯

Chapter 8

해양환경 정보를

사용하는

낙동강 하구역

위치 예측

8.1 데이터 설명

낙동강은 강원도 태백시에서 시작되어 구미, 창녕, 부산을 거쳐 남해로 흐르는 강이다. 낙동강 하구역은 다양한 수생 생물들이 서식하는 중요한 생태계로, 특히 하구는 해수와 담수가

[그림 8-1] 낙동강 하구

만나는 곳으로 수질 변동성이 크기 때문에 정기적인 분석이 필수적이다. 낙동강 하구역은 농업 및 산업 활동에 중요한 수자원 역할을 하며 안정적인 물 공급을 보장하는 데 기여한다. 또한 낙동강 하구는 어업, 항만, 관광 등 다양한 경제 활동과 직결되어 있어 해양정보를 분석하여 해양 산업의 효율성을 높이고, 지속 가능한 경제적 이익을 창출하는 데 기여할 수 있다.

이번 챕터에서는 낙동강 하구역 해양환경 정보 데이터를 활용하여, 해양환경정보로부터 해당 데이터가 수집된 정점 위치를 예측해 본다. 정점별 특성을 세밀하게 파악할 수 있다면, 수질 관리 및 생태계 보호, 수자원 관리, 기후 변화 대응, 홍수 및 해일 위험 관리 등에 도움이 될 것이다.

이번 장에서 사용된 데이터는 연안 빅데이터 플랫폼의 "낙동강

하구역 해양 환경 정보" 데이터다. 여러 파일 중, "flood_C_Flood 낙동강하구역해양환경정보0000floodCFlood"를 사용하였다. 해당 데이터는 zip 파일로 압축되어 있는데, 압축을 해제하면 나타나는 2개의 파일 중 "낙동강하구역해양환경정보_20180714_flood_C_Flood.csv"의 데이터를 사용했다.

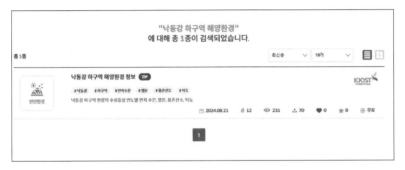

[그림 8-2] 연안 빅데이터 플랫폼의 낙동강 하구역 해양환경 정보

해당 데이터에 포함된 변수는 ⟨표 8-1⟩과 같다. 정점명, 관측위도/경도, 관측일시 등의 정보가 있으며, 이번 장에서는 수직수온, 염분, 용존 산소량 등의 정보로부터 정점명의 예측이 가능한지 알아본다. 만약, 정점명의 예측이 가능하다면, 하구역 위치에 따라 해양환경정보에 유의미한 차이가 있음을 간접적으로 증명할 수 있다.

<표 8-1> 낙동강 하구역 해양환경 정보의 스키마

변수	설명
sta_nm	정점명
wtch_la	관측위도
wtch_lo	관측경도
wtch_ymdhms	관측연월일시분초
vrtl_wtem	수직수온
vrtl_slnty	수직염분
meter_wtdp	미터수심
vrtl_ph	수직수소이온농도
vrtl_tu	수직탁도
vrtl_doxn	수직용존산소량

8.2 학습/분석 결과 및 해석

분석 데이터는 랜덤 포레스트(Random Forest), 인공신경망(Neural Network), K 최근접 이웃(kNN), 나이브 베이즈(Naive Bayse) 등의 방법을 사용하여 모델 학습에 사용되었다.

각 모델의 분류 결과는 [그림 8-3]과 같다. AUC(Area Under the ROC Curve: AUC 커브), CA(Classification Accuracy: 분류 정확도), F1 Score(F1 점수), Precision(정밀도), Recall(재현율), MCC(Matthews Correlation

Coefficient: 매튜 상관계수)를 사용하여 다각도로 확인 가능하다.

여러 모델 중 인공신경망(Neural Network)이 100%로 가장 높은 정확도를 보였으며, 랜덤 포레스트(Random Forest)도 98%의 F1 점수를 보였다. 이를 통해 해양환경정보로부터 정점을 예측하는 것이 가능하며, 각 정점의 물에는 유의미한 성분 차이가 있음을 알 수 있다.

Model	AUC	CA	F1	Prec	Recall	MCC
Random Forest	0.999	0.980	0.980	0.983	0.980	0.976
Neural Network	1.000	1.000	1.000	1.000	1.000	1.000
kNN	0.814	0.549	0.518	0.502	0.549	0.437
Naive Bayes	0.892	0.549	0.539	0.572	0.549	0.433

[그림 8-3] 낙동강 하구역 해양환경 정보를 이용한 정점명 예측 결과

8.3 오렌지 워크플로우

이번 챕터의 위젯 구성 및 연결 방법은 [그림 8-4]와 같다. 낙동강 하구역 해양환경 정보를 지도학습을 통해 정점명을 예측한다. 학습은 File 위젯을 통해 데이터를 불러오며, 데이터를 불러온 뒤 Edit Domain을 통해 특징의 이름을 변경한다. 학습에 활용한 변수와 메타정보를 분리하기 위해 Select Columns을 통해 열을 선택하고 Data Sampler를 통해 학습과 평가 데이터를 분리한다.

데이터 분리가 완료된 후 학습 데이터는 Random Forest, Neural

Network, Naive Bayes, kNN 위젯을 통해 학습을 진행하고 Predictions 위젯에서 테스트 데이터를 연결하여 최종 결과를 확인한다.

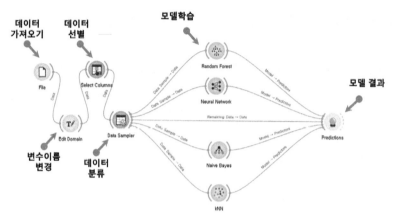

[그림 8-4] 낙동강 하구역 해양환경 정보 정점명 예측을 위한 오렌지 워크플로우

8.4 위젯 구성 설명

 File 위젯은 다운로드 받았던 데이터셋을 가져와 분석에 사용할 수 있도록 한다[그림 8-5]. ❶ 다운로드 받은 파일의 경로에서 압축을 해제한 후 나타나는 2개의 파일 중 "낙동강하구역해양환경정보_20180714_flood_C_Flood.csv" 파일을 더블클릭하여 해당 데이터셋을 가져온다. ❷에서 불러올 파일의 칼럼명을 및 데이터의 형식을 확인할 수 있다.

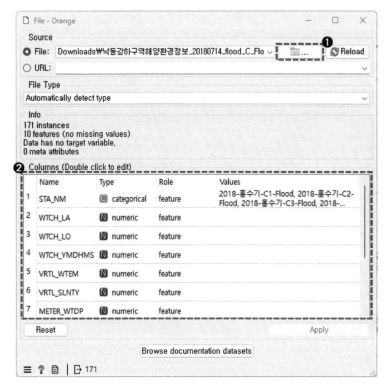

[그림 8-5] File 위젯 설명

Edit Domain 위젯을 통해 데이터 특징의 이름을 바꿔줄 수 있다[그림 8-6]. 이것은 데이터 분석결과의 가독성을 높이기 위한 작업으로 csv 파일에 있는 변수 명을 한글로 변환하는 것이다. 여기서는 〈표 8-1〉의 설명을 활용하였다. ❶ Variables 항목에서 바꾸고자 하는 특징의 이름을 클릭한다. ❷ Edit 부분의 Name을 원하는 이름을 대입 해주고 데이터의 형식을 지정할 수 있다. 위 작업은 나머지 다른 특징의 이름에도 위의 설명과 같이 동일하게 진행하면 된다.

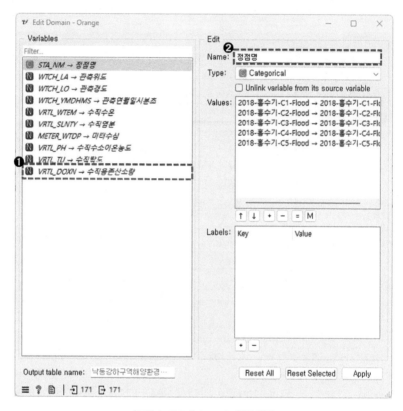

[그림 8-6] Edit Domain 위젯 설명

 Select Columns은 활용할 데이터의 열을 선택하는 위젯이다[그림 8-7]. 먼저, ❶ 사용하고자 하는 특징을 선택한다. ❷ 특징을 선택한 뒤 클릭하여 Ignored, Features, Target 그리고 Metas 에 해당하도록 이동 시켜준다. ❸

Ignored는 현재 데이터셋에서 사용하지 않을 열을 모아준다. ❹ Features는 Ignored와는 다르게 현재 데이터셋에서 학습에 사용하는 유의미한 열을 모아준다. ❺ Target은 학습을 통해 예측하고자 하는 열을 선택해준다. ❻ Metas는 데이터의 주석과 같은 역할을 하는 열로 이번에는 사용하지 않았다.

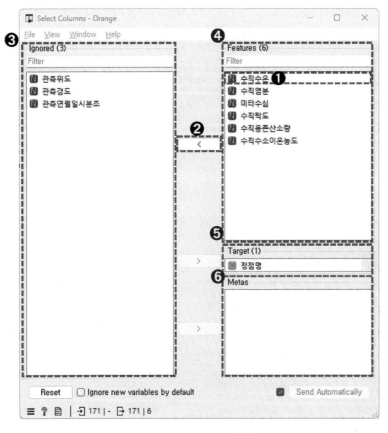

[그림 8-7] Select Columns 위젯 설명

Data Sampler 위젯은 머신러닝 학습을 위한 데이터의 전처리 위젯이다[그림 8-8]. ❶에서 먼저 Sampling Type을 선택한다. Fixed proportion of data는 사용자가 지정한 비율로 학습과 평가 데이터를 분할해주는 방법이다. 이번 실습에서는 Fixed proportion of data로 7:3으로 학습과 평가 데이터를 분할한다. 사용방법에 따라 Fixed sample size로 지정된 데이터 크기로 분할하거나 Cross validation을 통한 교차검증, Bootstrap을 통한 복원 샘플링 방식도 사용가능하다.

이후 ❷에서 세부 옵션을 설정할 수 있다. 먼저 Replicable (deterministic) sampling은 샘플링 과정을 재현 가능하게 만들어 주는 기능으로 동일한 데이터 세트와 동일한 설정을 사용할 경우, 샘플링을 반복하더라도 항상 동일한 샘플을 선택할 수 있게 해주는 기능이다. Stratify sample는 학습 및 평가 데이터를 샘플링할 때 샘플링 된 각 클래스의 비율을 동일하게 설정해 주는 위젯으로 분류 문제에서 클래스 간 비율이 불균형할 경우, 이 옵션을 사용하면 샘플링된 데이터에서도 동일한 클래스 비율을 유지할 수 있다.

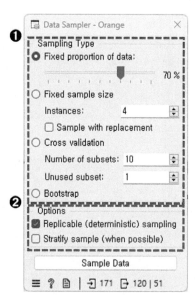

[그림 8-8] Data Sampler 위젯 설명

Random Forest 위젯은 데이터를 연결하여 랜덤 포레스트 모델을 학습시키는 위젯이다[그림 8-9].

❶ 'Basic Properties' 안의 'Number of Tree' 옵션은 생성할 트리의 개수를 설정하는 옵션이다. 'Number of attributes considered at each split' 옵션은 한번 분할될 때 몇 개로 분할시킬지 결정하는 옵션이다. 'Replicable training' 옵션은 다른 사람들과 모델을 공유할 때 같은 결과가 나오도록 시드를 고정 시켜주는 옵션이다. 'Balance class distribution' 옵션은 각 특징별로 불균형한 데이터가 존재할 때 학습이 제대로 이루어지지 않아 개수를 맞추는 옵션이다. 현재 데이터는 모든 클래스가 동일한 개수를 지니고 있기에 체크할 필요가 없다.

❷ 'Growth Control' 안의 'Limit depth of individual trees' 옵션은 트리의 깊이를 제한하는 옵션이다. 과적합을 방지할 수 있지만 최적의 깊이를 찾기가 힘들어진다는 단점이 존재한다. 'Do not split subsets smaller than' 옵션은

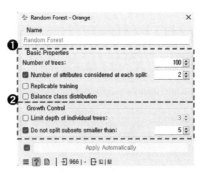

[그림 8-9] Random Forest 위젯 설명

해당 옵션을 체크한 뒤 입력한 수 이하의 데이터가 트리의 마지막 부분에 입력될 때 더 이상 나누어지지 않도록 하여 과적합을 방지하는 옵션이다.

Neural Network 위젯은 데이터를 연결하여 인공 신경망을 학습시키는 위젯이다. 사용법은 [그림 8-10]과 같다.

❶ 'Neurons in hidden layers' 옵션은 이전에 지도학습 기초에서 말했던 은닉층에 삽입할 인공 뉴런의 개수를 결정한다. 'Activation' 옵션은 출력층의 활성화 함수를 결정하는 옵션이다. 여러 가지 옵션이 존재하지만 이번 학습에는 'ReLu'를 선택한다. 'Solver' 옵션은 가중치를 갱신하는 최적화 방법을 선택하는 것이다. 여러 가지 옵션이 존재하지만 이번 학습에는 'Adam'을 선택한다. 'Regularization'은 가중치를 한번 갱신할 때의 비율을 슬라이드바로 조정할 수 있다. 값이 클수록 학습이 빠르게 진행지만 세부 조정이 되지 않아 최적화를 힘들기에 적절한 값으로 지속 조정을 해야한다. 'Maximal number of iterations' 옵션은 학습 최대 반복 횟수를 조정하는 옵션이다. 최적화가 잘 되었을 때는 중간에 모델 학습이 종료되지만 그렇지 않았을 때 최대 반복 횟수만큼 데이터를 학습한다. 'Replicable training' 옵션은 'Ramdom Forest'의 동일 옵션과 같은 역할을 한다.

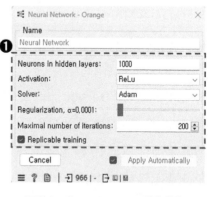

[그림 8-10] Neural Network 위젯 설명

kNN 위젯은 데이터를 연결하여 kNN 알고리즘을 통해 테스트 데이터를 예측하는 위젯이다. 사용법은 [그림 8-11]과 같다.

[그림 8-11] kNN 위젯 설명

❶ 'Number of neighbors' 옵션은 위의 지도학습 기초에서 설명했던 다수결로 정하고자 하는 이웃의 개수를 결정하는 옵션이다. 'Metric' 주변의 이웃과 거리를 계산하는 방식을 선택하는 옵션이고 이번 학습에선 'Euclidean'을 선택한다. 'Weight' 옵션은 해당하는 이웃에게 예측에 기여하는 가중치를 부여하는 옵션이다. 이번 학습에서는 아무런 가중치를 부여하지 않고 다수결의 원칙만 사용하는 'Uniform'을 사용한다.

 Naive Bayes 위젯은 데이터를 연결하여 통계적 기법을 사용해 입력 데이터를 예측하는 위젯이다. 사용법은 [그림 8-12]과 같으며, 더블클릭 시 따로 설정해야하는 옵션은 존재하지 않는다.

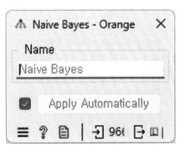

[그림 8-12] Naive Bayes 위젯 설명

Prediction 위젯은 모델과 테스트 데이터를 모두 연결하여 모델의 예측 결과를 보여주는 위젯으로 [그림 8-13]과 같다.

Predictions 위젯은 3가지 화면을 통해 구성된다. ❶ 좌측 상단은 각 모델이 테스트 데이터를 어떻게 예측을 했는 지와 예측 오차를 보여준다. ❷ 바로 오른쪽에선 테스트 데이터의 형태를 보여준다. ❸ 마지막으로 아래 모델 요약 부분에서 각 모델의 성능 지표를 확인할 수 있으며 모델의 성능 지표를 통해 결과를 자세히 분석한다.

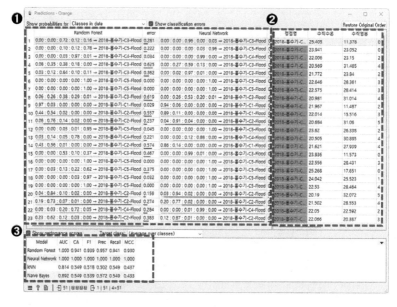

[그림 8-13] Prediction 위젯 결과

Chapter 9

월별

—

해상강수량 분석

—

(시계열 데이터)

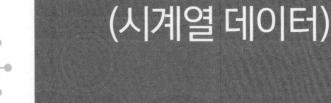

9.1 시계열 데이터 분석 기초

　시계열(Time-series) 데이터는 시간에 흐름에 따라 변화하는 값으로서 관측 주기에 따라 초 단위, 분 단위, 월 단위 등으로 측정되는 데이터를 말한다. 주가 데이터, 기온 변화 데이터, 환자의 생체신호 모니터링 데이터 등 다양한 데이터가 있다.

[그림 9-1] 해양 시계열 데이터(ChatGPT로 생성한 이미지)

시계열 데이터는 추세(Trend), 주기성(Cycle), 불규칙성(Irregular)이라는 독특한 특성을 가진다. 추세는 시계열 데이터에서 장기적으로 나타나는 일관된 증가나 감소의 경향을 의미하며, 데이터가 전반적으로 상승하거나 하락하는 방향성을 시간의 흐름에 따라 지속적으로 나타낸다. 주기성은 시계열 데이터가 일정한 주기를 가지고 반복되는 패턴을 의미하고, 불규칙성은 시계열 데이터에서 예측하기 어려운 비정상적인 변동이나 잡음을 의미한다. 또한, 해양·기상 등 데이터의 특성에 따라 계절성(Seasonality)을 가지기도 한다.

시계열 분석에 사용되는 가장 대표적인 모델로는 AR(AutoRegressive), MA(Moving Average), ARMA(AutoRegressive Moving Average), ARIMA(AutoRegressive Integrated Moving Average), SARIMA(Seasonal ARIMA) 등이 있다. 각 모델은 시간에 따른 데이터의 패턴을 분석하고 예측하는 데 유용한 기법이다.

AR 모델은 현재 시점의 값을 이전 시점의 데이터로 예측하는 모델로 이전 값들이 현재 값에 얼마나 영향을 미치는지를 나타낸다. 특징으로는 데이터가 자기 상관성(자기회귀성)을 보일 때 유용하게 사용할 수 있다. MA 모델은 현재의 값을 이전 시점의 오차 항들의 가중 평균으로 예측한다. 즉, 이전의 무작위 오차 항들이 현재 값에 영향을 미친다는 가정하여 예측을 수행한다. 특징은 주로 데이터에 존재하는 잡음(noise)을 모델링하거나 제거하는 데 유용하다. ARMA 모델은 AR 모델과 MA 모델을 결합한 모델로, 자기회귀 항과 이동 평균 항을 동시에 사용해 데이터를 예측한다. 데이터가 안정적(Stationary)일 때 유용하다. 마지막으로 ARIMA 모델은 모델에 차분(differencing)을 추가하여 비정상(non-stationary) 시계열을 처리할 수 있는 모델이다. 시계열 데이터에서 추세나 계절성을 제거하여 안정적인 형태로 변환한 후 예측을 진행한다. 특징은 데이터가 비정상성을 보일 때, 차분을 통해 이를 안정적으로 만들어 예측을 수행할 수 있다.

9.2 데이터 설명

날씨, 강수량을 예측하는 것은 우리는 매일 아침 일기예보를 확인하고 우산을 가지고 나갈지를 결정한다. 비가 많이 내릴 것으로 예상되면 침수, 범람 등에 대비하기 위해 지자체, 국가 단위로 대응할 준비를 한다.

우리는 잘 생각하지 않고 지내지만, 바다에도 비가 내린다. 바다에 침수나 홍수가 벌어질 일은 없지만, 해양에서의 강수는 기후 조절, 해양 염분 농도 조절, 해양 생태계의 영향, 지구 에너지 균형, 가상 및 기후 예측, 수자원 관리 등에 영향을 끼친다. 그리고 선박의 항행에도 영향을 끼칠 수 있다. 즉, 해양 강수를 예측하는 것은, 육상에서의 강수를 예측하는 것만큼이나 중요한 일이다.

이번 장에서는 연안빅데이터 플랫폼의 "OCPC 월별 해상강수량 분석 정보" 데이터를 분석한다[그림 9-3]. 데이터는 연안 빅데이터 플랫폼에서 검색하여 내려받을 수 있다.

[그림 9-2] 날씨예보 (네이버)

[그림 9-3] 날씨예보 (네이버)

이 데이터는 한반도 주변해역 및 동아시아 해역 해상강수량의 월 평균값, 평년 평균, 월 평균 아노말리, 평년 표준편차 자료를 제공하며, 이번 실습에는 ❶ 황해(서해) 월 평균값을 활용한다〈표 9-1〉.

변수	설명
wtch_ym	관측연월
ysea_mnth_avg_val	황해월평균값
ysea_nmyr_avg	황해평년평균
ysea_mnth_avg_anomaly	황해월평균아노말리
ysea_nmyr_stddev_val	황해평년표준편차값
echsea_mnth_avg_val	동중국해월평균값
echsea_nmyr_avg	동중국해평년평균
echsea_mnth_avg_anomaly	동중국해월평균아노말리
echsea_nmyr_stddev_val	동중국해평년표준편차값
esea_mnth_avg_val	동해월평균값
esea_nmyr_avg	동해평년평균
esea_mnth_avg_anomaly	동해월평균아노말리
esea_nmyr_stddev_val	동해평년표준편차값
easa_mnth_avg_val	동아시아월평균값
easa_nmyr_avg	동아시아평년평균
easa_mnth_avg_anomaly	동아시아월평균아노말리
easa_nmyr_stddev_val	동아시아평년표준편차값
glb_mnth_avg_val	전지구월평균값
glb_nmyr_avg	전지구평년평균
glb_mnth_avg_anomaly	전지구월평균아노말리
glb_nmyr_stddev_val	전지구평년표준편차값
uom_nm	단위명

9.3 학습/분석 결과 및 해석

　　[그림 9-4]는 ARIMA 모델을 사용하여 황해의 월 평균 해상강수량을 예측한 결과다. ❶은 2017년부터 2023년까지 황해의 해면수온 월평균값을 그래프로 나타낸 것이며, ❷는 2017년부터 2020년까지의 자료와 이를 통해 이후 3년간의 해상강수량을 예측한 결과를 함께 나타낸 것이다. 예측 결과와 원 데이터를 비교해보면, 월별 해상강수량의 변화를 추세에 따라 유사하게 예측한 것을 확인할 수 있다.

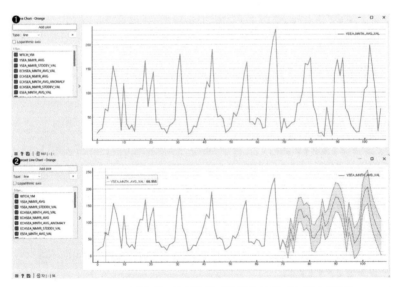

[그림 9-4] ARIMA 모델을 활용한 황해 월 평균 해상강수량 예측 결과 시각화

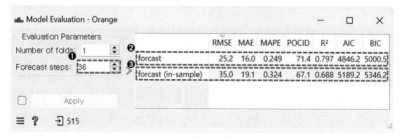

[그림 9-5] ARIMA 모델을 활용한 황해 월 평균 해상강수량 예측 결과 평가

시각화된 예측 결과에는, 예측 값과 함께 신뢰 구간(confidence intervals)이 시각적으로 표시된다. 이 신뢰 구간은 모델이 예측한 값이 얼마나 정확할지에 대한 불확실성을 보여주는 중요한 요소이며, 이를 통해 예측의 신뢰도를 평가할 수 있다.

ARIMA 모델을 사용하여 미래 값을 예측할 때, 각 예측에는 일정한 불확실성이 따라오게 되는데, 신뢰 구간은 이러한 불확실성을 반영하여 예측 값이 해당 범위 내에 있을 확률을 나타내는 것이다. 일반적으로 95% 신뢰 구간이 사용되며, 이는 미래 실제 값이 95% 확률로 해당 구간 안에 포함될 것임을 의미한다.

신뢰 구간의 폭은 모델이 예측에 대해 얼마나 확신이 있는지를 나타낸다. 신뢰 구간이 좁을수록 모델의 예측이 정확하고 신뢰할 만한 것으로 해석될 수 있지만, 반대로 오차선이 넓으면 모델이 해당 예측에 대해 더 큰 불확실성을 갖고 있음을 나타낸다.

[그림 9-5]는 예측 결과를 수치적으로 분석한 것이다. ❶은 시계열 예측 모델이 한 번의 예측 과정에서 생성하는 미래 데이터 포인트의 수를 나타낸다. 여기서는 36개월 간의 데이터를 예측했다.

❷는 테스트 데이터, ❸은 학습 데이터에 대한 결과를 의미한다. 오차를 나타내는 RMSE, MAE 등은 값이 작을수록, 결정계수 R2는 값이 1에 가까울수록 정확하게 예측하였음을 의미한다.

9.4 시계열 데이터 분석을 위한 애드온 설치

오렌지에서 시계열 분석 위젯을 사용하려면, 관련 애드온을 설치해 주어야 한다. ❶ Option 메뉴에서 ❷ Add-ons...을 선택하여 설치 도구를 열고 ❸ Timeseries 애드온을 선택하고 ❹ OK를 눌러 설치한다. 설치가 완료되면 Time Series 카테고리에서 위젯들을 확인할 수 있다[그림 9-6].

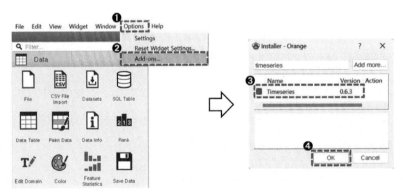

[그림 9-6] 오렌지3의 시계열 라이브러리 설치 방법

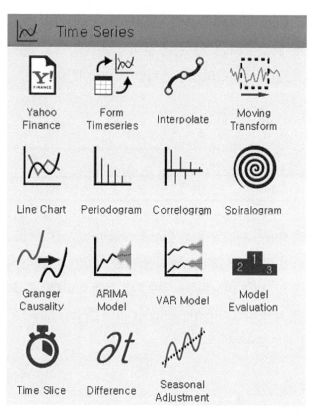

[그림 9-7] 오렌지3의 시계열 처리 위젯 구성

시계열 분석에 활용되는 위젯은 [그림 9-7]과 같으며 이동 평
균, 라인 차트, 아리마 모델 및 모델 평가 등 다양한 시계열 데이터
분석에 활용 가능한 위젯으로 구성되어 있다.

9.5 오렌지 워크플로우

[그림 9-8]은 9.3절의 월 평균 황해 해상강수량을 오렌지3의 ARIMA 모델을 활용하여 분석하고 시각화하는 워크플로우이다. CSV File Import의 경우 데이터를 읽어오는 기능 Impute와 Interpolation Data는 결측치를 보간, Select Columns과 Select Rows는 황해 데이터 선택, ARIMA Model은 데이터 학습, Line Chart와 Model Evaluation은 결과 시각화 및 모델 평가를 수행한다. 이를 유기적으로 연결하여 시계열 데이터 분석을 수행한다.

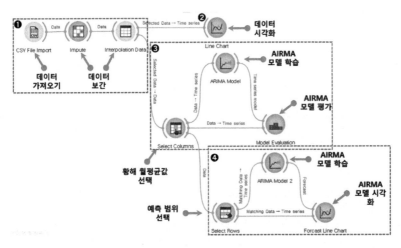

[그림 9-8] 오렌지3의 ARIMA 모델을 활용한 황해 월 평균 해상강수량 예측 워크플로우

9.6 위젯 구성 설명

CSV File Import는 CSV 파일을 오렌지3으로 읽어오는 역할을 수행한다. 사용법은 [그림 9-9]와 같으며 위젯을 클릭 후 ❶ 을 클릭한다. 이후 ❷ 를 클릭하여 다운로드 받은 해면수온 자료를 Import한다. 데이터를 확인 후 ❸ 의 OK를 눌러 가져온다.

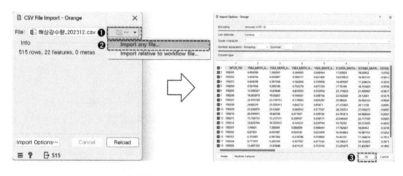

[그림 9-9] CSV File Import 위젯 설정

Impute를 활용하여 결측치를 보간한다. 사용법은 그림[9-10]과 같으며 이번 분석에서는 Average/Most frequent를 사용한다.

Data Table을 통해 데이터의 결측치가 존재하는지 확인한 후 분석을 진행한다.

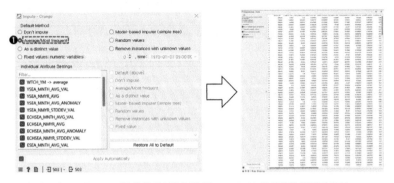

[그림 9-10] Impute를 통한 데이터 보간 및 Data Table를 활용한 데이터 확인

Line Chart를 통한 데이터 가시화를 수행하였으며, 가시화 결과는 [그림 9-7]의 ❶과 같다. Line Chart에서 그림과 같이 YSEA_MNTH_AVG_VAL을 선택하면 된다.

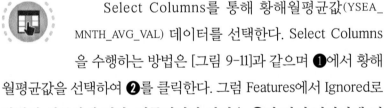

Select Columns를 통해 황해월평균값(YSEA_MNTH_AVG_VAL) 데이터를 선택한다. Select Columns을 수행하는 방법은 [그림 9-11]과 같으며 ❶에서 황해월평균값을 선택하여 ❷를 클릭한다. 그럼 Features에서 Ignored로 칼럼이 이동하게 된다. 이동되어진 칼럼은 ❸과 같이 나타나게 되며, ❹를 클릭하여 Target으로 이동시킨다. 최종적으로 ❺의 Target으로 칼럼이 이동되게 되며, 이로써 ARIMA 분석을 위한 데이터 준비가 되었다.

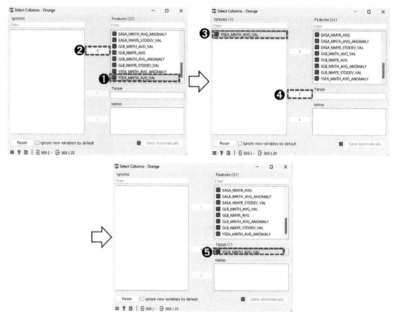

[그림 9-11] Select Columns을 통한 황해월평균값 선택 방법

이후 ARIMA 모델을 활용하여 예측을 수행한다. [그림 9-12]는 ARIMA 모델의 설정 방법이며, 본 실습에서는 2가지 변수만 설정한다. ❶은 자귀회귀 예측에 사용할 데이터의 개수이며, ❷는 이를 통해 예측할 데이터의 개수이다. 즉, 과거의 36개의 포인트를 통

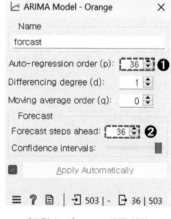

[그림 9-12] ARIMA 모델 설정

해 미래의 36개의 포인트를 예측하는 것이다.

ARIMA 모델의 예측 결과는 [그림 9-5]을 참고하면 된다.

Select Rows는 예측을 수행한 결과를 나타냄에 있어 예측 데이터를 더 상세히 보기 위해 활용한다. Select Rows를 통해 Row를 선택하지 않을 시 1980년부터 전체 데이터가 시각화되게 된다. 이에 예측 데이터를 상세히 보기위해 2017년 12월 데이터부터 선택하였다. ❶에서 관측년월을 선택하고 ❷에서 is greater than을 선택해 ❸에서 지정해준 201712보다 최근에 관측된 데이터만을 선택한다.

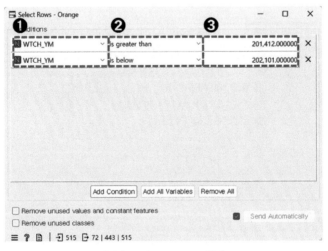

[그림 9-13] Select Rows 설정

2021년 1월 이후의 자료는 예측을 수행할 예정임으로 Add Condition을 클릭하여 추가로 행을 생성한다. ❶에서 다시 관측년월을 선택하고 ❷와 같이 is below를 선택해 ❸에서 202101을 입력한다.

 이후 Line Chart를 활용하여 예측 결과를 시각화한다. 좌측 칼럼 선택에서 YSEA_MNTH_AVG_VAL를 선택하면 [그림 9-4]과 같은 예측 결과가 나타나게 된다.

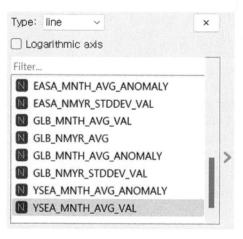

[그림 9-14] 변수 선택